노벨상을 꿈꾸는
과학자들의 비밀노트

노벨상을 꿈꾸는 과학자들의 비밀노트

한국연구재단 엮음

중앙에듀북스

과학자를 꿈꾸는 청소년들에게 주는
희망과 감동의 메시지

|

한국연구재단 이사장 **조무제**

이 책은 2007년 당시 세계적으로 인정받았던 우리나라 과학자들의 이야기를 엮었습니다. 여기에 소개된 과학자들은 《사이언스(Science)》, 《네이처(Nature)》, 《셀(Cell)》 등 세계 3대 과학 저널에 창의적인 연구 논문을 게재한 석학들입니다.

당시 연구에 뛰어난 업적을 성취하셨던 이분들은 현재 대학의 총장이 되신 분도 있고, 우리나라를 대표하는 국가과학자에 선정되신 분도, 학계에서 명망 있는 상을 받으신 분도 있습니다. 이처럼 연구를 활발히 이끌어갔던 분들이 현재는 우리나라 학계를 이끌어가는 리더의 역할을 수행하고 있습니다.

이러한 시점에 10여 년 전의 이야기를 재조명하는 것 또한 큰 의미를 가질 것입니다. 과거 우수한 연구자들의 선례를 통해 현재의 많은 연구자들과 과학자를 꿈꾸는 청소년들에게 영감을 줄 수 있기 때문입니다.

이 책에 수록된 연구자들이 세계적 권위의 과학 저널에 발표한 연구 성과는 하루아침에 이루어진 것이 아닙니다. 모두가 오랜 시련과 고통을 이겨내고 정설처럼 굳어진 불가능의 한계를 극복한 놀라운 성과물들인 것입니다.

그 연구들을 하나하나 살펴보면, 미래 세계를 한 차원 업그레이드시킬 수 있는 플라스틱 태양전지 개발을 비롯하여, 인간의 신비한 의식(意識)의 발자취를 따라 그 흐름을 추적하여 밝혀내었고, 풀리지 않을 미스터리로 남아 있는 인간의 이타적 속성과 진화 과정을 규명하였으며, 지구온난화의 주범인 이산화탄소 잡는 플라스틱 분리막을 개발하기도 하였습니다.

또한 생체분자 제어와 운동 측정 기술을 개발하여 생물물리 분야의 난제를 해결하였으며, 그동안 베일에 가려 있던 AMPK 효소의 항암 기능을 규명하여 질병 없는 세상으로 한 걸음 나아가는 토대를 만들었는가 하면, 식물 생체시계 메커니즘 연구의 신기원을 열기도 하였습니다.

그리고 선천성면역반응 활성화 메커니즘을 밝혀냈고, 세계 최초로 기억력 향상 단백질을 발견하여 기억 관련 질병 치료의 길을 열었으며, 암 치료에 획기적인 진전을 가져올 '맞춤약물요법' 임상 실현의 발판을 마련하였고, 자연계에 없는 D-아미노산 생산기술 개발과 미개척 분자인 '쿠커비투릴'을 연구하여 초분자화학의 새 장을 활짝 열었습니다.

이와 같은 눈부신 성과들은 우리 과학자들의 꺼지지 않는 열정과 집념이 있기에 가능했습니다. 1%의 가능성만 있어도 도전하여 불가능하다고 여겨왔던 난제를 명쾌하게 해결한 우리 과학자들은 언제나 처음처럼 포기하지 않고 연구 과정을 즐기며 세계를 깜짝 놀라게 하고 있습니다.

그들은 말합니다.

"보이지 않는 현상을 끊임없이 들여다보라. 실패에 친숙해지고, 실패를 거듭하라. 끊임없이 사고를 확장하고 미래를 내다보며, 자신의 길을 당당하게 선택하고 나아가라. 그것이 곧 프로정신이고 경쟁력이며, 그러면 성공이라는 열매를 거둘 수 있다."

과학은 모르는 길을 찾아가는 것입니다. 왜냐하면 과학은 답이 없기 때문입니다. 아니, 과학은 문제조차 없습니다. 스스로 늘 새로운 문제를 만들고, 그 문제의 답 또한 스스로 찾아야 합니다. 그래서 과학자는 '창조의 예술가'입니다.

오늘도 우리 과학자들은 과학기술이 없으면 국가는 물론 인류의 행복도 없다는 마음으로 끊임없이 물음표를 던지고 그 답을 찾기 위해 순수한 열정을 바치고 있습니다. 과학자의 책무인 세상에 대한 기여를 다하며 자신의 연구를 진정으로 즐기는 우리 과학자들의 순수한 모습은 그래서 아름답습니다.

세상을 더욱 풍요롭게 변화시킬 미래의 과학자를 꿈꾸는 우리 청소년들에게 이 책은 참으로 밝은 희망의 메시지가 될 것입니다. 묵묵히 자신의 길을 걸으며 인류의 번영에 이바지하고 있는 우리 과학자들의 이야기는 감동의 메시지가 되어 가슴속 깊은 울림을 줄 것입니다.

이 책이 여러분의 꿈을 실현할 수 있는 밑거름이 되기를 희망합니다. 그리고 그 꿈이 세상에 한 줄기 빛처럼 아름답게 빛나기를 기대합니다.

차례

01
플라스틱 태양전지로
신세계를 꿈꾸다

이광희(李光熙) 광주과학기술원(GIST) 신소재공학과 교수

1979~1983	서울대학교 원자핵공학과 학사
1983~1985	한국과학기술원(KAIST) 물리학과 석사
1990~1995	캘리포니아대학교 샌타바버라캠퍼스(UCSB) 박사
1997~2006	부산대학교 물리학과 교수
2006~현재	광주과학기술원(GIST) 신소재공학과 교수

플라스틱 태양전지로
신세계를 꿈꾸다

사진 한 장이 있다. 낙타가 사하
라 사막을 횡단하는 사진이다. 낙타
의 등에는 의약품 상자들이 실려 있
고, 그 위로는 정사각형의 판(板) 같
은 것이 하늘을 향해 얹혀 있다. 뜨
거운 모래사막을 횡단하는 낙타의 등에 의약품과 널찍한 판까지. 그래서
인지 낙타는 조금 힘겨워 보이기도 한다.

그러나 낙타가 신고 있는 널찍한 판은 결코 없어서는 안 될 것이다. 그
리고 이 판을 장착하고 있지 않으면 굳이 의약품을 싣고 사막을 횡단할
이유도 없다.

말라리아가 기승을 부리고 전염병까지 도는 아프리카의 사막에 세계보
건기구(WHO)는 오래전부터 의약품을 조달해왔다. 그런데 문제가 하나
있다. 사막까지 비행기가 갈 수 없다는 것이다. 당연하다. 사막에 비행기

가 이착륙을 하기는 불가능하기 때문이다. 그러면 자동차로 운반을 하면 되지 않을까? 이 역시 용이하지 않다. 바퀴가 푹푹 빠지는 사막을 자동차로 달리는 것처럼 위험한 일도 없다. 결국 효과적인 운송수단은 역시 낙타다. 사막엔 당연히 낙타 아닌가.

그러나 낙타 역시 문제가 있다. 사막에서는 그 무엇도 따라올 수 없는 운송수단이지만 운송에 시간이 너무 오래 걸린다는 것이다. 특히 의약품처럼 냉장 처리를 하여 신선도를 유지해야 하는 경우, 낙타는 오히려 비효율적인 운송수단이 되고 만다. 애써 의약품을 싣고 사막을 횡단했는데 막상 목적지에 도착했을 때 의약품들이 상해 있다면 힘들게 의약품을 운송한 의미가 없다.

이런 문제를 해결한 것이 태양전지이다. 사진의 낙타가 등에 싣고 있는 넓찍한 판, 바로 이것이 태양전지이다. 사막에서는 살인적인 더위로 인해 상하거나 변질되기 쉬운 의약품을 특수 냉장고에 저장해 운송을 하는데, 이 냉장고에 태양전지를 사용한다. 그러니까 사진 속 낙타가 등에 싣고 있는 상자는 바로 의약품을 저장한 냉장고이고, 그 위에 얹혀 있는 판은 냉장고에 사용되는 태양전지이다.

또 다른 사진 하나를 더 보자. 보기에도 궁핍한 한 무리의 아프리카 아이들이 둘러서서 모두들 무언가를 보고 있다. 교실도 없는 학교에서 수업을 하는 모양이다. 선생님  은 아이들 앞에 의자 하나 달랑 놓고 노트북 같은 장치를 이용하여 액정 화면을 통해 수업을 하고 있다. 의자에서 한 걸음 정도 떨어진 곳에는 삼

각대가 세워져 있고, 그 위에도 널찍한 판이 하늘을 향해 설치되어 있다. 그렇다. 이 판 역시 태양전지이다.

경제적으로 낙후한 아프리카의 많은 나라들에게 태양전지는 보석 같은 존재다. 특별한 자원도 없고, 가난 때문에 에너지 문제도 심각해 사회, 경제, 문화 등 전 분야에 걸쳐 낙후한 환경에서 벗어나게 해줄 수 있는 희망이기 때문이다. 사막 오지 마을에 의약품 수송은 물론이고 아이들의 교육 문제, 주거 문제, 각종 개발 사업 등 의식주 전반에 걸쳐 태양전지는 문명의 혜택을 누리게 한다.

비단 아프리카뿐만이 아니다. 세계는 지금 에너지 전쟁 중이다. 석유 자원에 매달려 살고 있는 세계는 머지않아 고갈될 원유를 대체할 수 있는 새로운 대체에너지와 재생에너지를 목마르게 찾고 있다. 심각한 에너지 위기 국면에 처해 있는 것이다. 그리고 대체에너지 개발은 발등에 떨어진 불이 된 지 이미 오래다. 바로 이러한 문제에 태양전지는 획기적인 대안이 될 수 있다.

차세대 저가형 신재생 에너지 개발의 신기원을 열다

"제 연구의 목표이자 꿈은 플라스틱 태양전지를 인류 사회에 실용화시키는 것입니다. 플라스틱 태양전지는 세계적인 에너지 위기와 극빈국가들의 에너지 문제를 해결할 수 있는 대안입니다. 플라스틱 태양전지 개발에 성공만 한다면 가난한 아프리카와 부자 동네인 캘리포니아가 똑같은 혜택을 누릴 수 있습니다."

지난 2006년 9월, 미국화학회(ACS)의 초청을 받아 기조강연을 하고 난

며칠 뒤 세계 3대 저널 가운데 하나인 《이코노미스트》와의 인터뷰에서 광주과학기술원 신소재공학과 이광희 교수가 한 말이다.

당시 그는 《네이처》에 〈금속성 성질을 가진 플라스틱 폴리아닐린(Metallic Transport in Polyaniline)〉이란 논문을 발표(2006년 5월)한 뒤였다. 전기가 통하는 플라스틱을 세계 최초로 개발하였다는 내용을 담고 있는 이 논문은 유비쿼터스 시대*를 더욱 빨리 앞당길 수 있는 길을 열어놓은 논문이었다. 그야말로 미래 생활을 한 차원 업그레이드시킬 수 있는 획기적인 논문이었던 것이다.

그로부터 1년 뒤인 2007년 7월 13일, 이광희 교수는 《사이언스》에 〈Efficient Tandem Polymer Solar Cells Fabricated by All-Solution Processing〉이라는 논문을 발표하였다. 내용은 '유기물을 이용한 플라스틱 태양전지' 개발에 관한 것이었다.

이광희 교수(교신저자)의 주도하에 연구원 김진영 박사(제1저자)와 2000년도 노벨 화학상 수상자인 미국의 앨런 히거(Alan J. Heeger) 박사가 함께 연구한 성과를 담고 있는 이 논문은 발표되자마자 국제학계의 비상한 관심을 끌었다. 세계 최고 성능의 유기물 플라스틱 태양전지의 원천기술을 개발하였다는 내용의 이 논문은 미래 에너지 문제를 해결해줄 한 줄기 빛과도 같았기 때문이다.

2006년 《네이처》에 발표한 논문이 차세대 저가형 신재생 에

2007년 7월 13일 《사이언스》에 발표한 논문의 제1저자 김진영 박사와 교신저자 이광희 교수, 그리고 미국의 앨런 히거 박사(왼쪽부터).

너지 개발의 서막이었다면, 2007년《사이언스》에 발표한 논문은 개발 단계로 진입하는 장도에 오른 신기원의 첫발이었다.

《사이언스》는 이광희 교수팀의 논문을 게재하면서 "그동안 플라스틱 태양전지 연구에서 가장 큰 난제였던 낮은 효율성 문제를 획기적으로 개선해 차세대 저가형 플라스틱 태양전지 상용화를 크게 앞당겼다"고 평가했다.

연이어 세계 최고의 과학 학술지에 논문을 발표한 이광희 교수는 유기물 태양전지의 세계적 권위자이다. 그는 자신의 철학이 담긴 연구를 통해 우리 인류의 미래상을 혁명적으로 변화시킬 업적을 남겼다. 우리 인류에 과학의 혜택이 널리 퍼지게 하여 세상을 더욱 밝고 희망차게 하겠다는 그의 꿈을 한 발, 한 발 실현해 나가고 있는 것이다.

정설처럼 굳어진 불가능과 한계를 넘어서다

그렇다면 차세대 신재생 에너지의 신기원을 열었다고 평가받는 유기물 플라스틱 태양전지*는 무엇일까?

유기물을 이용한 플라스틱 태양전지는 식물의 광합성 작용을 모사한 '인공 광합성 소자'로서, 플라스틱의 한 종류인 고분자와 풀러린(C_{60})*이라는 물질을 이용해 빛을 받아 전기를 만드는 장치이다. 이것은 기존의 실리콘 기반의 무기물 태양전지에 비해 값이 싸고, 가볍고, 제작공정이 간단하다. 차세대 저가형 태양전지로 주목을 받고 있는 이유는 이 때문이다.

여기서 잠깐 태양전지 개발사를 들여다보자.

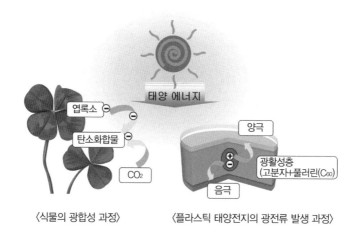

〈식물의 광합성 과정〉　〈플라스틱 태양전지의 광전류 발생 과정〉

유기물 플라스틱 태양전지의 원리

　태양전지가 처음 개발된 것은 지금으로부터 60여 년 전인 1954년이었다. 해마다 치솟는 고유가와 환경 문제를 해결하기 위해 차세대 신재생에너지 개발에 세계가 몰두한 결과였다.

　그러나 이때 개발된 것은 실리콘 기반의 무기물 태양전지로, 제조가격이 매우 비싸 상용화하는 데는 한계점을 가지고 있었다. 앞에서 말한 바 있는 사막에 의약품을 운송하는 사진 속 낙타에 장착된 태양전지도, 아프리카 아이들의 수업에서 등장하는 태양전지도 모두 비싼 실리콘 태양전지*였던 것이다.

　이와 같이 태양전지의 혜택을 받으려면 그에 따른 비용 부담이 선행되어야만 한다. 다시 말해서 싸고 효율적인 태양전지가 개발되기 전까지는 비싼 실리콘 태양전지를 써야 하는데, 이는 경제적인 능력 없이는 엄두도 못 내는 것이 현실이다. 이러한 문제를 해결한 것이 바로 유기물 태양전지다.

유기물을 이용한 플라스틱 태양전지는 1990년 이후 개발되었다. 이는 1970년대 이후부터 개발된 결정형 실리콘 태양전지와 1980년대부터 개발된 박막형 태양전지*가 안고 있던 문제를 어느 정도 해결한 것이었다. 즉, 무거운 재료에 휘어짐이 없고, 고가의 제작비 등 기존의 태양전지가 안고 있던 여러 문제점을 해결한 것이었다. 그러나 이 역시 넘지 못할 한계를 안고 있었다. 그중 가장 큰 것은 효율성의 한계였다.

'효율'이란 빛이 100% 들어오면 그 중 몇 %를 전기로 전환하느냐를 말한다. 그런데 기존의 태양전지는 효율이 1~2% 정도에 불과하다. 상용화를 위해서는 7%의 효율을 보여야 하는데 지금까지는 기초적인 단계에 머물러 있는 것이다. 최근에 와서야 미국과 일본, 유럽에서 3~4% 정도까지 끌어올리는 데 성공했지만 상용화는 아직도 멀고 먼 길이다. 그리고 5% 이상은 넘을 수 없다는 것이 거의 정설처럼 굳어 있었다.

그러나 이 교수팀이 개발한 태양전지는 태양전지의 성능평가 기준이 되는 에너지 전환효율이 6.5%로 현재까지 개발된 유기물을 이용한 플라스틱 태양전지 중에서 최고의 효율을 자랑한다. 상용화 단계인 7%에 가장 근접한 결과를 얻은 것이다.

10년 산고 끝에 획기적인 블루오션을 창출하다

이 교수팀이 개발한 태양전지는 기존의 플라스틱 태양전지와는 전혀 다른 방법으로 개발하였다는 데 의의가 있다. 그것은 '적층형' 방법으로, 이는 신개념 플라스틱 태양전지 구조로 평가받고 있다. 그 원리를 살펴보면 이렇다.

이 교수팀이 개발한 태양전지는 두 개의 태양전지가 적층형으로 쌓여 있는 구조, 즉 2층 형태로 포개진 구조로 이루어져 있다. 이 같은 구조는 마치 건전지 두 개를 붙인 경우와 같이 태양전지의 출력전압을 두 배로 높이는 결과를 가져와 단일 구조의 태양전지에 비해 성능을 획기적으로 향상시킨다.

또 두 개의 태양전지는 각각 서로 다른 빛의 영역을 흡수할 수 있는 물질로 구성되어 있어 태양빛의 일부만을 흡수하던 기존의 태양전지와는 달리 가시광과 적외선 영역에 이르는 넓은 범위의 태양빛을 흡수할 수 있도록 만들어졌다. 이에 따라 기존의 태양전지에 비해 보다 많은 전기를 생산한다.

무엇보다 중요한 것은 이 기술을 이용하면 효율을 15% 정도까지 올릴 수 있다는 것이다. 이는 그야말로 태양전지 개발에 새 장을 여는 획기적인 성과이다.

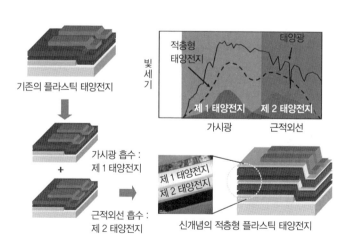

신개념의 적층형 플라스틱 태양전지의 구조와 원리

또한 이 교수팀은 기존의 복잡한 공정을 거치지 않고 간단한 스핀 코팅(용액 상태에서 원심력을 이용한 박막 형성 기술)만을 이용함으로써 태양전지의 제작공정을 획기적으로 개선시켰을 뿐만 아니라 소자의 성능까지 크게 향상시켰다.

이 교수팀이 개발한 태양전지의 또 다른 의의는 플라스틱으로 개발하였다는 것이다. 플라스틱은 무엇보다 제작비를 크게 낮출 수 있다는 장점을 가진다. 또 휘거나 접을 수 있어 휴대용으로 개발할 수 있다는 점도 빼놓을 수 없는 매력이다.

기존의 무기물 태양전지는 와트(W)당 제작비가 2.3달러에 이르는 고가였다. 그러나 이 교수팀이 개발한 플라스틱 태양전지는 그 20분의 1 수준에 불과한 0.1달러이다. 이는 화석연료(와트당 1달러)에 비해서도 경제성이 매우 높다.

또한 경제성 외에도 휘어지는 플라스틱을 소재로 했다는 점에서 휴대용 전자신문, 휴대전화를 비롯한 휴대용 전자기기, 입는 컴퓨터, 창문형 태양전지, 방한 의류, 미래 군사 활동의 핵심인 전자전술 장비에 이르기까지 활용분야가 매우 넓어 새로운 '블루오션(blue ocean)'을 창출할 수 있을 것으로 기대된다.

특히 이 교수팀의 연구 성과는 향후 저가형 태양전지 산업분야에서의 시장 선점과 막대한 부가가치 창출 등을 통해 국가경쟁력 강화에 크게 기여할 것으로 전망된다.

태양전지의 세계 시장규모는 2012년께 782억 달러에 이르렀고 2020년께에는 3,000억 달러 이상으로 확대될 것으로 예측되는데, 기존의 개념과는 전혀 다른 응용소자를 개발함으로써 세계 시장을 주도할 것이란 전

태양전지를 이용한 방한 코트 및 기능성 전자 가방

태양전지를 이용한 전자신문

플라스틱 태양전지

태양전지를 이용한 멀티 플레이어 | 플라스틱 태양전지를 이용한 곡면 빌딩

플라스틱 태양전지의 응용 예

망이다.

지난 20여 년 동안 세계는 유기물 태양전지를 개발하기 위해 밤낮을 가리지 않고 전력투구해 왔다. 유기물 태양전지 기술만 개발하면 에너지 문제는 물론 막대한 경제적 이익과 함께 세계 시장을 선도할 수 있기 때문이다.

그러나 어느 나라의 연구진도 이를 성공하지 못했다. 이 교수팀 또한 이 기술을 개발하기 위해 지난 10년 동안 산고를 겪었다. 그리고 마침내 세계 어느 나라에서도 시도하지 못한 적층형 방법을 적용하여 세계 유일의 기술을 개발하는 데 성공했다. 그리고 현재는 후속 연구를 통해 상용화 단계에 진입하기 일보 직전에 있다. 10년 연구의 결실이 눈앞에 있는 것이다.

이 기술이 상용화 단계에 돌입하면 에너지 문제는 자연스럽게 해소할 수 있다. 그리고 목전에 두고 있는 유비쿼터스 시대를 앞당기는 것은 물론 미래 환경을 획기적으로 변화시킬 수 있다. 또한 지금까지 경제적인 부담으로 혜택을 받지 못하던 제3세계에 무한한 혜택을 줄 수 있다. 이처럼 개인과 생활의 변화는 물론 사회와 국가, 세계의 변혁을 이끌어낼 수 있는 것이다.

이뿐만이 아니다. 태양의 무한한 에너지를 이용함으로써 매장량의 제

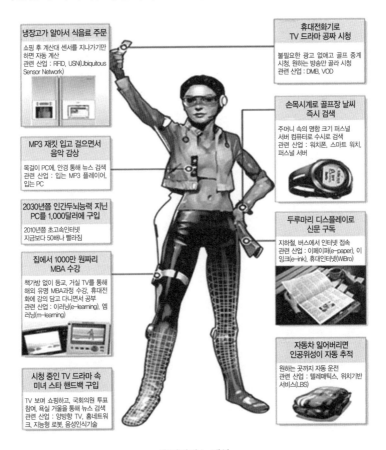

냉장고가 알아서 식음료 주문
쇼핑 후 계산대 센서를 지나가기만 하면 자동 계산
관련 산업 : RFID, USN(Ubiquitous Sensor Network)

MP3 재킷 입고 걸으면서 음악 감상
목걸이 PC에, 안경 통해 뉴스 검색
관련 산업 : 입는 MP3 플레이어, 입는 PC

2030년쯤 인간두뇌능력 지닌 PC를 1,000달러에 구입
2010년쯤 초고속인터넷 지금보다 50배나 빨라짐

집에서 1000만 원짜리 MBA 수강
책가방 없이 등교, 거실 TV를 통해 해외 유명 MBA과정 수강, 휴대전화에 강의 담고 다니면서 공부
관련 산업 : 이러닝(e-learning), 엠러닝(m-learning)

시청 중인 TV 드라마 속 미녀 스타 핸드백 구입
TV 보며 쇼핑하고, 국회의원 투표 참여, 욕실 거울 통해 뉴스 검색
관련 산업 : 양방향 TV, 홈네트워크, 지능형 로봇, 음성인식기술

휴대전화기로 TV 드라마 공짜 시청
불필요한 광고 없애고 골프 중계 시청, 원하는 방송만 골라 시청
관련 산업 : DMB, VOD

손목시계로 골프장 날씨 즉시 검색
주머니 속의 명함 크기 퍼스널 서버 컴퓨터로 수시로 검색
관련 산업 : 워치폰, 스마트 워치, 퍼스널 서버

두루마리 디스플레이로 신문 구독
지하철, 버스에서 인터넷 접속
관련 산업 : 이페이퍼(e-paper), 이잉크(e-ink), 휴대인터넷(WiBro)

자동차 잃어버리면 인공위성이 자동 추적
원하는 곳까지 자동 운전
관련 산업 : 텔레매틱스, 위치기반서비스(LBS)

유비쿼터스 세상

한이 전혀 없고 지구온난화와 대기오염 등 환경 문제를 일소하는 등 친환경적 청정 기술로 국가 에너지 문제 해소는 물론 국가 경제에 크게 이바지할 것이다. 지금까지는 반도체와 자동차 수출이 국가 경제를 책임졌다면 이제는 이 교수팀이 개발한 플라스틱 태양전지가 국가 경제를 책임지는 시대가 오는 것이다.

이를 위해 이 교수팀은 이미 시험생산에 돌입했다. 그리고 2009년 초기 제품 생산을 목표로 하고 있다. 즉, 상용화가 눈앞에 와 있는 것이다. 이 교수는 향후 3~5년 정도면 상용화 단계에 본격적으로 들어설 것이라 확신하며 노력하고 있다.

미래 전자전술 장비의 혁명을 불러오다

세계 어느 연구진도 따라오지 못하는 기술로 높은 효율성을 자랑하는 플라스틱 태양전지를 개발한 이 연구에 대한 세계의 관심은 한마디로 폭발적이다. 세계는 이미 지난 2003년부터 이 교수의 연구를 주목해 왔다.

2003년, 뉴질랜드 정부는 이 교수를 초청하여 태양전지에 관한 강연회를 개최했다. 그리고 국제광전자공학회(SPIE)는 2004년부터 해마다 이 교수의 연구와 태양전지 개발 현황에 대한 소개를 하고 있으며, 미국화학회(ACS)는 2006년 이 교수를 초청하여 차세대 태양전지에 대한 기조강연을 들었다.

언론의 관심도 뜨거워 2006년 9월에는 미국 언론을 상대로 기자회견을 가졌고, 《이코노미스트》는 이 내용을 비중 있게 보도하기도 하였다. 이 교수의 연구를 세계가 얼마나 주목하고 있는지 한눈에 알 수 있는 대목이다.

이처럼 이 교수는 태양전지 분야의 가장 권위 있는 학술회가 열릴 때마다 단골 연사로 초청되는 등 세계적인 권위를 인정받고 있다. 그만큼 이 교수의 연구는 독보적이다.

그런데 이 교수에게는 그 어느 강연보다도 잊지 못할 강연이 하나 있다. 그것은 국방부 계룡대에서 가진 강연이었다. 이 강연은 이 교수로 하여금 세계 최고의 어느 학회에서의 강연보다도 남다른 감회에 젖게 했다. 2007년 10월 4일, 이 교수는 국방부의 초청으로 육군 고위 장성들이 참석한 가운데 계룡대에서 초청 강연을 했다. 강연의 주제는 미래 군사 활동의 핵심인 전자전술 장비에 관한 것이었다. 국방부가 군사전문가도 아닌 이 교수를 초청한 것은 그가 개발한 플라스틱 태양전지 개발 현황을 듣기 위해서였다.

이날 강연에서 이 교수는 미래 군사 활동을 위한 휴대용 전원에 대해 설명했다. 즉, 플라스틱 태양전지의 개발 현황과 차세대 전자전술 장비 응용에 대해 강연한 것이다.

미래의 군사작전에는 소규모 단위로 운용되는 부대원 간의 효과적인 정보 전달을 위해 전투원 개인별 전자장비 휴대가 필수적이다. 그러므로 무엇보다 다양한 전자전술 장비가 필요하다. 그리고 이 미래형 장비는 초경량 휴대용이어야 한다. 이를 위해서는 먼저 휴대 전자장비를 위한 휴대용 전원을 개발해야 한다. 이 대목에서 국방부는 이 교수가 개발하고 있는 플라스틱 태양전지를 주목했다.

이 교수가 개발 중인 플라스틱 태양전지는 미래형 전자전술 장비의 가장 기초가 되는 차세대 휴대용 전원으로 적용하기에 최적의 조건을 갖추

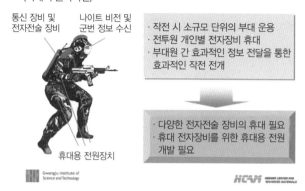

〈미래의 군사작전〉

통신 장비 및
전자전술 장비

나이트 비전 및
군번 정보 수신

· 작전 시 소규모 단위의 부대 운용
· 전투원 개인별 전자장비 휴대
· 부대원 간 효과적인 정보 전달을 통한
  효과적인 작전 전개

· 다양한 전자전술 장비의 휴대 필요
· 휴대 전자장비를 위한 휴대용 전원
  개발 필요

휴대용 전원장치

미래 군사 활동을 위한 휴대용 전원

입는
전원장치

휘어지는
태양전지

태양전지
텐트

통신기기
휴대전원

휴대용
전원

접는 형
태양전지

경량형 전자전술
장비의 전원

전자전술 장비용 플라스틱 태양전지 응용 예

고 있다.

부대 간 이동으로 이루어지는 군사작전에서는 무엇보다 장비의 경량화
와 에너지 공급이 필수적인데 플라스틱 태양전지는 이를 모두 충족시킬
수 있기 때문이다.

또한 많은 예산을 들이지 않고도 대량생산을 할 수 있고, 간편한 휴대
형이라 개발만 하게 되면 전자전술 장비의 혁명을 불러올 수 있다.

예를 들어 휘어지는 속성을 갖는 플라스틱 태양전지, 입는 전원장치, 접는 형 태양전지, 통신기기 휴대전원, 태양전지 텐트, 휴대용 전원 등 몸에 부착하는 장비는 물론 전술 장비용으로 얼마든지 개발할 수 있다. 국방부는 바로 이런 점을 주목하고서 이 교수를 초청한 것이다.

오랜 시련과 고통을 이겨내고 맨주먹으로 무에서 유를 창조하다

이 교수가 이날 강연에 남다른 감회를 갖는 것은 국방부가 단지 차세대 신재생 에너지 기술을 주목하고 있어서가 아니었다.

"석사와 박사 과정을 마치고 국비유학까지, 저는 모두 국가의 지원을 받아 공부를 했습니다. 어느 나라가 학비를 대주면서 공부를 시켜주겠습니까? 그러므로 당연히 국가에 감사하고 봉사해야 합니다. 어렵게 유학을 마치고 미국에 좋은 자리가 있었음에도 불구하고 뿌리치고 한국에 돌아온 이유는 단 하나였습니다. 국가에 대한 빚을 갚는 것, 그것 때문이었습니다. 그것이 내가 국가에 할 수 있는 의무라고 생각했던 것이죠. 내가 받은 만큼 국가에 돌려주자, 또 후학을 키우며 나라에 공헌하자, 이런 결심이었습니다."

남다른 감회에 젖을 수밖에 없는 이유는 여기에 있다. 가슴이 시릴 정도로 감동적이다. 그리고 그는 이미 국가에 대한 빚을 갚고도 남았다.

가진 것이라고는 열정밖에 없는 이 교수는 그야말로 맨주먹으로 공부를 했다. 서울대학교와 한국과학기술원(KAIST), 캘리포니아대학교 샌타바버라캠퍼스(UCSB) 등 남들은 누려 보지 못한 엘리트 코스를 거치며 언뜻 보기에는 순탄한 길을 걸어온 것처럼 보이는 그이지만 그 속을 들여다 보면 피눈물 나는 인고의 세월이 오롯이 담겨 있다.

1960년 3남매의 장남으로 태어난 이 교수는 어려서부터 넉넉지 못한 환경에서 자랐다. 대학 재학 시절에는 공무원이었던 아버지가 지병으로 돌아가시면서 가족을 부양하며 힘들게 학업을 이어야 했다.

그는 타고난 열정과 향학열을 누르지 못해 유학을 꿈꾸었지만 어려운 가정 형편상 청운의 꿈을 접고 한국과학기술원에서 석사 과정을 마치는 것으로 만족해야 했다. 박사 과정까지 마치고 싶었지만 생계 문제 때문에 더 이상 학업을 잇기가 어려웠던 것이다.

그러나 박사 과정을 포기하고 취직한 원자력연구소에서는 그의 꿈을 충족할 수 없었다. 무엇보다 형편이 어렵다는 이유로 꿈을 접는다는 것을 스스로 받아들일 수 없었다. 그래서 선택한 방법은 국비유학이었다. 당시 살림은 시험 대금도 못 낼 정도로 빠듯하기만 했다. 또 그가 지망하는 물리학 분야는 단 2~3명만 뽑았기 때문에 결코 합격을 장담할 수도 없었다.

하지만 목표가 정해졌으면 앞만 보고 달려가야 하는 법. 이 교수는 원자력연구소에서 퇴근하고 돌아오면 하루도 거르지 않고 매일 밤을 독서실에 틀어박혔다. 그리고 갓 태어난 아이의 재롱을 볼 새도 없이 공부에 매달린 끝에 국비유학생 선발 시험에 보란 듯이 합격을 했다. 하늘은 스스로 돕는 자를 돕는다는 속담처럼 열정적인 도전에 하늘이 쾌히 그의 손을 들어준 것이다.

그러나 고난은 거기서 끝나지 않았다. 청운의 꿈을 멋지게 펼치리라 각오하고 날아간 미국 유학생활 역시도 시련의 가시밭길이었다. 특히나 경제적인 어려움은 그를 가만 놔두지 않았다. 국가에서 지급되는 장학금은 가족을 부양하며 공부하기엔 턱없이 모자랐다. 어쩌다 장학금이 단 며칠이라도 늦게 지급되면 당장 생활이 안 돼서 지인들에게 생활비를 빌려서 버텨야 했다. 그렇게 근근이 생활을 한 끝에 그는 마침내 박사 과정을 마칠 수 있었다.

꿈에 그리던 미국 유학, 그리고 박사 학위 취득. 바라던 바를 실행에 옮기고 마침내 목적을 달성했을 때의 기쁨이란 그 무엇과도 비견할 수 없으리라. 그러나 꿈을 이룬 그에게 찾아온 것은 참으로 반갑지 않은 고민거리였다. 한국으로 들어가느냐 미국에 남아서 연구를 하느냐, 그것이었다. 당시만 해도 척박했던 한국 과학계는 연구를 제대로 수행할 만한 환경이 못 되었다. 당연히 환경이 좋은 미국에 남아서 연구 활동을 하는 것이 타당하다. 또 오라는 곳도 많았다.

그럼에도 그는 과감히 결단을 내렸다. 국가가 나를 공부시켜 주었으니 그 빚은 반드시 갚아야 한다. 그가 내린 결론은 그것이었다. 비록 다시 나오는 한이 있더라도 한국으로 돌아가는 것이 의무라고 생각한 것이다.

척박하리라 예상하고 돌아온 한국은 생각에 훨씬 못 미치는 수준의 환경이었다. 또 그가 돌아온 당시인 1997년은 때마침 'IMF 시대'였다. 외환위기로 온 국민이 나랏빚을 갚자고 장롱에 있던 금반지를 모으던 시절이었던 것이다. 당장 일자리를 구하는 것이 화급할 정도로 매우 어려운 시기에 하필 돌아온 것이다. 시련도 이런 시련이 없었다.

그러나 그는 결코 절망하지 않았다. 비록 지방대라는 한계를 안고 있지만 부산대학교에 부임을 하여 모든 것을 새롭게 시작해 나갔다. 그리고 맨주먹으로 국비유학을 감행했던 도전정신으로 열악한 환경과 불리한 조건을 하나씩 물리쳐 가며 무(無)에서 유(有)를 창조해 나갔다. 그렇게 그는 오랜 시련과 기다림 끝에 마침내 세계가 주목하는 연구 성과를 일구어냈다.

혹자는 아마 이런 생각을 할지도 모른다. 좋은 환경에서 더욱 대성하여 한국에 들어올 수도 있지 않았느냐고. 그러면 더 좋은 성과를 더 빨리 낼 수도 있지 않았느냐고. 그는 단호히 고개를 젓는다.

"물론 최상의 환경에서 연구를 하며 좋은 성과를 내고 더욱 크게 돼서 들어올 수도 있었겠지요. 하지만 그렇게 들어오면 꽃을 피우지 못합니다. 과학은 커뮤니케이션입니다. 과학은 사람이 하는 것이기 때문이지요. 좋은 성과를 내는 연구팀은 그 팀을 이끌고 있는 교수들의 깊은 철학이 있습니다. 그리고 문화와 정신의 조화가 잘 이루어져야만 세계적인 연구팀이 될 수 있습니다."

과학은 사람이 하는 것이고, 그래서 커뮤니케이션이 중요하다는 그의 말에 고개가 절로 끄덕여진다. 사실 과학은 우수한 인력과 기자재(장비), 풍부한 자금 등 삼박자가 갖추어져야 한다. 이 중 어느 것 하나라도 빠지면 연구를 제대로 수행할 수가 없다. 그러나 무엇보다 중요한 것은 연구원들 간의 팀워크다. 그리고 가장 훌륭한 팀워크는 커뮤니케이션에서 비롯된다. 눈빛만 봐도 알 수 있는 호흡, 바로 이것이 연구팀의 수준을 나타낸다.

세계 과학기술 경쟁력 7위를 자랑하는 우리나라도 이제는 어엿한 과학기술 강대국이다. 특히 우수한 인적 자원은 세계 어느 나라보다 앞서 있다. 한마디로 세계와의 경쟁에서 뒤처질 일도 없고, 두려울 것도 없는 것이다. 거기에 자금도 우리의 경제 규모를 놓고 볼 때 이제는 결코 선진국에 뒤지지 않는다. 연구비가 없어 연구를 수행하지 못한다는 것은 옛말인 것이다.

또 하나, 과거 외국에서 연구를 수행해야 했던 이유 중 하나는 정보력 때문이었다. 시시각각 변화하는 정보의 부재는 우리 과학계를 후진 대열에 머무르게 했다. 아무리 뛰어난 논문을 써도 그것이 이미 다른 연구팀에서 단 1초라도 먼저 발표되었을 때는 휴지조각이 되고 마는 과학계의 현실 속에서 정보는 매우 절박하다.

과거 우리는 선진국의 정보를 따라잡을 수 없었고, 그래서 후진성을 면치 못했다. 그러나 선진국의 정보 독점은 인터넷의 등장과 함께 무너지고 말았다. 어느 곳에서 어떤 연구를 하고 있는지, 어느 연구팀이 어떤 논문을 발표했는지 더 이상 정보 제한이 없는 것이다.

좋은 조건과 환경에서 성공을 한 뒤 돌아오면 자생력이 없다, 이 교수는 말한다. 연구원들과 생사고락을 함께 하며 실패의 쓴잔도 마시고 기쁨의 눈물도 흘리면서 밑바닥부터 개척해야 성공할 수 있다는 것이다. 그것이 곧 '사람이 하는 과학'이라는 것이다.

운명적 만남이 가져다준 특별한 선물

이 교수는 국가에 감사한다. 오늘날 자신이 세계 정상급의 과학자로 우뚝 선 것은 모두 국가의 덕이라는 것이다. 그는 또 세상에서 가장 감사한 사람으로 그의 스승인 앨런 히거 교수와 아내를 들었다.

이 교수의 정신적 지주이자 아버지, 학문적 스승이자 동지인 앨런 히거 교수와의 만남은 그에게 특별한 선물이다.

미국 아이오와 주에서 태어나 캘리포니아대학교 버클리캠퍼스(UCB)에서 박사 학위를 받은 히거 교수는 펜실베이니아대학교 물리학부 교수를 거쳐 1982년부터 현재까지 캘리포니아대학교 샌타바버라캠퍼스(UCSB) 물리학부 교수로 재직하고 있다.

그는 1977년 전기가 통하는 고분자를 발견, 플라스틱(유기) 전자공학 분야를 개척한 공로로 앨런 맥더미드, 시라카와 히데키 박사와 함께 지난 2000년 노벨 화학상을 공동 수상했다.

지난 2005년 광주과학기술원은 히거 교수의 이름을 딴 '히거 신소재 연구센터'를 설립했다. 개소식에 참석하여 인사말을 하고 있는 히거 교수. 그는 이 연구센터의 센터장으로 있다.

당시 노벨상위원회는 고분자의 하나인 폴리아세틸렌(polyacetylene) 박막에 요오드를 입히면 전기가 흐르는 능력이 수십억 배 증가한다는 사실을 발견한 히거 교수의 연구를 "노벨의 다이너마이트 발명과 견줄 만한 발견"이라며 "아마 노벨이 살아 있었다면 매우 기뻐했을 것"이라고 극찬을 아끼지 않았다.

이러한 히거 교수와 이광희 교수의 운명적 만남은 지금으로부터 약 20년 전으로 거슬러 올라간다. 국비유학이 결정되던 해인 1989년, 이 교수는 고심 끝에 연구 주제를 '전도성 고분자'로 정하였다. 그리고 이 방면의 전문가들을 찾아서 그들이 몸담고 있는 대학에서 공부를 하고 싶다는 편지를 보냈다.

그러나 편지를 보낸 30여 개 대학 어느 곳에서도 답장은 오지 않았다. 당시만 해도 과학 후진국이었던 한국에서 날아온 청년의 편지에 눈길을 주지 않는 건 당연한 일이었다. 그때 유일하게 날아온 답장 하나가 있었다. 바로 히거 교수였다. 전도성 고분자 분야의 세계적인 대가가 이름도 모르는 한국의 가난한 학생의 편지를 받고 답장을 보내온 것이다.

세계적인 대가의 답장을 받은 이 교수는 벅차오르는 가슴을 달래며 그 길로 당장 편지를 들고 미국으로 건너갔다. 그런데 막상 맞닥뜨린 히거 교수의 반응은 황당함 그 자체였다. 이 분야에 관심이 있으면 한번 연락해보라는 내용을 오라는 뜻으로 알고 무작정 찾아갔으니 얼마나 당황했으랴. 그러나 히거 교수는 편지 하나 믿고 머나먼 이국땅으로 건너온 이 교수의 열정에 감동하여 제자로 받아들였다.

그런데 이때 웃지 못할 에피소드가 있다. 이 교수를 처음 마주한 히거 교수는 내일부터 실험실에 나와서 일단 3개월간 연구해 보라고 했다. 그런데 이 교수는 그 말을 3개월 후에 다시 오라는 말로 잘못 알아듣고 말았다. 당시만 해도 유창하지 않은 영어 실력에 히거 교수의 말을 잘못 해석한 것이다. 결국 이 교수는 그토록 원하는 연구를 할 수 있는 기회를 얻게 되었는데도 3개월을 그냥 버리고 말았다.

그 후 이 교수는 캘리포니아대학교 샌타바버라캠퍼스(UCSB)에서의 첫 학기를 지도교수도 없이 단지 수업만 들었다. 그리고 3개월 후에 다시 히거 교수를 찾아갔을 때 히거 교수는 이 엉뚱한 청년에게 버럭 화부터 냈다. 그 일로 이 교수는 대가를 톡톡히 치러야 했다. 히거 교수의 눈에 들기까지 무려 2년이란 시간을 들여야 했기 때문이다.

히거 교수와의 인연은 이렇게 시작되었다. 이후 이 교수와 히거 교수는 처음의 사제지간에서 지금의 동지적 관계까지 약 30년 가까이 동고동락을 같이 하며 공동 연구를 수행하고 있다.

이 교수는 히거 교수를 아버지를 대신하여 롤모델이 되어준 분이라고 말한다. 그의 말처럼 히거 교수는 이 교수에게 특별한 사람이다. 히거 교수는 이 교수의 과학적 재능을 누구보다 먼저 발견하고 깨우쳐 주었다. 과학자로서 지녀야 할 직관력과 상상력, 통찰력을 발견하고 일깨워 주었던 것이다.

이 교수와 히거 교수는 여러 모로 닮은꼴이다. 급한 성격도 비슷하고, 일하는 스타일도 같다. 또 연구에 빠지면 만사 제쳐 두고 몰두하는 열정도 똑같다.

어쩌면 히거 교수와의 만남은 아주 특별한 행운인지도 모른다. 자본주의의 천국 미국은 사제지간의 돈독한 정이라고는 찾아볼 수 없는 문화다. 제자는 단지 논문을 쓰기 위한 도구로 생각하는 교수들이 많다. 그들에게 논문은 곧 돈이다. 그러므로 제자도 곧 돈이다. 과학이라고 해서 특별히 인간의 정을 중요시하지 않는다. 모든 것을 돈으로 보는 철저한 자본주의가 지배하고 있기 때문이다.

그러나 히거 교수는 무엇보다 인간관계를 우선한다. 과학은 커뮤니케이션이다. 히거 교수는 이런 철학을 지니고 있다. 과학은 사람이 하는 일이고, 또 사람을 위한 일이다. 과학은 객관성이 존재하지만 그 객관성조차도 사람을 위한 것이라는 게 그의 철학인 것이다. 즉, 과학은 기술이 아니라 사람이라는 것이다.

이 교수에게는 평생을 두고 잊지 못할 일 하나가 있다. 어느 날 히거 교수의 집에서 만찬이 있었다. 그 자리에는 내로라하는 과학자들이 초대되었다. 화기애애한 가운데 만찬이 끝나고, 히거 교수는 사람들 앞에서 이 교수의 손을 꼭 잡으며 이렇게 말했다.

"여러분, 플라스틱 태양전지는 제 필생의 연구입니다. 저는 이 연구를 반드시 성공시켜 실용화를 이룰 것입니다. 그리고 이 연구는 저의 영원한 동반자 이광희 교수와 함께할 것입니다. 우리는 이 연구를 반드시 성공시킬 것입니다."

이 얼마나 아름답고 감동적인가. 이날의 감격을 이 교수는 죽는 날까지 가슴에 새길 것이라 한다. 어찌 그러지 않으랴. 제자에서 동지로, 그리고 이제는 후계자로, 혈육으로, 더 이상 말로는 형용할 수 없는 가슴 벅찬 감동이었으리라.

그 감동은 지금 현실이 되었다. 지난 2005년, 광주과학기술원은 히거 교수의 이름을 따 '히거 신소재 연구센터*'를 설립했다. 센터장은 히거 교수, 부센터장은 이광희 교수다. 그들은 이 연구센터에서 필생의 연구인 플라스틱 태양전지의 상용화를 눈앞에 두고 있다. 상용화와 더불어 '히거 신소재 연구센터'는 플라스틱 태양전지의 메카가 될 것이다.

세상에서 가장 아름답고 고귀한 사랑

히거 교수가 특별한 선물이라면, 그의 아내는 운명적인 선물이다. 이 교수가 아내를 처음 만난 것은 한국과학기술원 1학년 때였다. 그때 아내는 이화여대 2학년에 재학 중이었다. 처음에 그의 아내는 이 교수의 첫인상이 마치 공무원 같아서 호감을 느끼지 못했다. 그러나 만나면 만날수록 진실한 것이 좋게만 보였다. 무엇보다 마음을 사로잡은 건 이 교수의 지칠 줄 모르는 열정과 솔직한 당당함이었다.

그러나 가난한 고학생을 주위에서 좋게 볼 리 없었다. 친구들은 물론이고 집안의 반응도 썰렁했다. 그렇다고 포기할 이 교수가 아니었다. 그는 교제 1년 만에 무작정 집으로 찾아가 결혼을 허락해 달라고 조르기 시작했다. 열 번 찍어 안 넘어가는 나무 없다고, 꼭 그런 식이었다. 그렇게 막무가내로 밀어붙인 끝에 아내가 대학을 졸업하자마자 마침내 결혼에 골인할 수 있었다.

"스웨덴에서 왈츠를 추게 해주겠소." 아내에게 청혼할 때 이 교수가 한 말이다. 과학자들에게 가장 큰 영예인 노벨상이 수여되는 스웨덴에서 왈츠를 추게 해주겠다는 프러포즈. 그야말로 과학자다운 청혼이었다. 그러나 셋방 얻을 돈도 없이 시작한 그들의 신혼은 궁핍하기만 했다. '왈츠 프러포즈'가 황당하고 무색할 만큼 살림은 쪼들리고 하루하루가 생활고에 시달리는 고통의 나날이었다.

어느 날은 새벽에 아이가 갑자기 아파서 병원에 가야 하는데 가진 돈이라고는 달랑 2,000원이 전부였다. 당시 병원까지 택시비가 4,000원쯤이었는데 가진 돈으로는 병원에 갈 택시비도 안 되는 형편이었다. 그날의 좌절을 부부는 지금도 잊지 못한다.

이 교수가 국비유학을 결심한 것은 이 무렵이었다. 가난과 좌절, 희망도 없는 생활을 벗어나 새로운 희망을 만들자 결심했던 것이다. 그러나 유학도 그들에게 생활고라는 고통을 벗어나게 해주지 않았다. 희망이라면 이 교수의 학문에 대한 열정, 그것뿐이었다.

"아내는 누구보다 나를 지지해주는 후원자이자 지원자죠. 제가 이렇게 열정적으로 일할 수 있는 원동력은 모두 아내에게서 나옵니다. 한결같은 아내의 믿음, 그 무한한 신뢰가 지금의 저를 만들었죠."

"남편이 아니라 남이라고 생각하고 객관적으로 바라봐도 이이는 그 누구보다 열심히 사는 사람이에요. 남편보다 더 열정적으로 꿈을 향해 달려가는 사람을 저는 보지 못했어요. 저는 이이가 꿈을 꼭 이룰 거라고 언제나 믿었어요. 세상은 끝까지 이루려고 하면 언젠가는 꿈을 실현시켜 주니까요. 그리고 이이는 과학이 아니라 그 어떤 것을 하더라도 성공했을 거예요."

남편의 열정을 알고 믿기에 반드시 꿈을 이루리라 확신하는 아내, 그 믿음으로 달려와 마침내 세계 최고의 과학자가 된 남편, 참으로 아름답고 고귀한 사랑이다. 일의 가치와 가능성을 믿어주며 진정으로 성원하고 지지하는 아내. 이 교수는 그런 아내에게 마음으로 감사한다. 그리고 행복하다.

낡은 인식을 깨고 싶은 성공 모델

미래 세계 변화를 주도하고 있는 이광희 교수, 그에겐 반드시 이루고 싶은 꿈이 하나 있다. 우리 과학계에 사표(師表)가 될 만한 선구자적 모델, 바로 그것이다.

우리는 흔히 과학자 하면 골방 같은 연구실에 틀어박혀 연구만 하는 모습을 떠올린다. 오로지 공부만 알고, 실험과 연구에만 매달리고, 세속적인 욕망이나 돈하고는 전혀 무관한 사람으로 인식한다.

또한 과학자는 결코 세속적이어서는 안 된다고 생각한다. 혹여 과학자가 욕망을 드러내거나 하면 세속적으로 타락했다 비난하고, 왕성한 활동이라도 할라치면 품위 없이 나댄다고 손가락질한다. 과학자는 모름지기 연구실에 틀어박혀 과학밖에 몰라야 한다고 생각하는 것이다.

과학자도 특별하지 않은 같은 인간인데, 욕망도 있고 돈도 벌 수 있는

데, 이상하게도 사람들은 그래서는 안 된다고 생각한다. 이는 분명 잘못된 생각이다.

이 교수는 이런 현실을 타파해야 한다고 생각한다. 국가와 사회에 이바지한 만큼 과학자도 그에 대한 정당한 대가를 받으며 삶을 누려야 한다는 것이다. 그러려면 사람들의 인식을 바꿔야 한다. 그리고 인식을 바꾸려면 누군가 모델이 나와야 한다. 과학적인 성과를 거두면 인류사에 업적도 남기고 경제적인 성공도 할 수 있다는 것을 보여주어야 하는 것이다. 그러나 아직 우리에게는 그런 모델이 없다.

외국의 경우 성공한 과학자들은 모두가 그에 따른 경제적 대가를 충분히 누리며 살고 있다. 이 교수의 스승인 히거 교수도 그중 한 사람이다. 히거 교수는 수영장을 갖춘 으리으리한 대저택에서 살고 있다. 마치 유명 연예인처럼 그 역시 경제적인 풍족함 속에서 남부러울 것 없는 삶을 즐기며 살고 있다. 그 풍족함은 부모에게서 물려받은 것도 아니요, 부정행위로 축적한 것도 아니다.

아홉 살에 아버지를 여의고 어려서부터 가장이 된 히거 교수는 우리나라로 치면 산골 오지와 같은 시골에서 불우하게 자랐다. 그런 그가 부자로 살고 있는 이유는 하나다. 과학자로서 정당한 대가를 받았기 때문이다.

그러나 우리는 어떤가? 우리는 '성공'이란 말 속에 과학을 포함하지 않는다.

세상에 대한 기여는 과학자의 책무라고 말하는 이광희 교수. 그는 자기 분야에서 열심히 하면 성공할 수 있다는 과학계의 성공 모델이 되고 싶다고 한다.

'과학 = 성공'이라는 등식이 성립되지 않는 것이다. 이 교수는 바로 이런 생각을 깨부수어야 한다고 믿는다. 과학자는 가난해야 한다는 낡은 생각, 이런 의식과 고정관념을 전환해야 한다는 것이다.

따지고 보면 이공계 기피 현상도 여기서 출발한다. 이공계는 천박하고 배고프다는 인식이 깔려 있기 때문이다. 그렇다면 간단하다. 이공계는 천박하지도, 배고프지도 않다는 것을 보여주면 된다.

이 교수는 바로 이것을 보여주고 싶어 한다. 자기 분야에서 열심히 하면 잘사는 사회, 공부하고 노력하는 사람이 잘사는 세상. 이 교수가 보여주고 싶은 세상이자 이루고 싶은 꿈이다. 그래서 그는 사람들에게 존경받는 정신적인 모델, 선구자적인 모델을 꿈꾼다. 이는 결코 개인적인 욕망이 아니다. 낡고 잘못된 인식을 뒤엎고 싶은 지극히 순수한 바람이다.

세상에 대한 기여는 과학자의 책무다

해마다 10월이면 노벨상 수상자가 발표된다. 그리고 노벨의 사망일인 12월 10일, 스웨덴 스톡홀름에서는 화려한 수상식이 거행된다. 인류에 가장 큰 공헌을 한 사람들에게 수여하는 노벨상은 개인의 영광뿐 아니라 국가의 명예이기도 하다.

노벨상은 수상식을 시작으로 1주일 정도 축제가 열린다. 그 축제의 마지막 날 노벨위원회는 수상자들을 불러 상금 수령에 대한 서명을 받는다. 그리고는 수상자를 한 방으로 인도하여 두툼한 사인북을 내놓는다. 역사적인 수상 기념 사인을 하기 위해서다. 그런데 위원들은 수상자만 홀로 남겨둔 채 모두 문을 닫고 나가버린다.

이윽고 홀로 남은 수상자는 첫 페이지를 펼친다. 첫 페이지에는 노벨상 제1회 수상자인 뢴트겐의 사인이 나온다. 그리고 다음 페이지는 제2회 수상자, 또 다음 페이지는 제3회 수상자, 이런 식으로 노벨상 수상자들의 사인이 하나씩 나온다. 그렇게 100여 년 역사가 기록되어 있는 것이다.

홀로 남아 사인북을 넘겨보는 수상자의 심정은 과연 어떨까? 100여 년 역사를 눈으로 확인하는 수상자는 결국 눈물을 흘리고 만다. 마음속 깊은 곳에서 우러나는 감동의 눈물, 그 역사에 자신의 서명을 남긴다는 감격의 눈물인 것이다.

한 페이지, 한 페이지 사인북을 넘길 때마다 수상자는 인류사에 공헌한 자신의 업적을 다시 한 번 새겨본다. 그 순간은 세상 무엇과도 바꿀 수 없는 영광의 순간이자 감동의 순간이다.

"노벨상 수상은 개인적인 감격을 넘어 국가적인 감동이 될 것입니다. 저는 미래 과학을 이끌어갈 우리나라의 청소년들이 이런 감동과 영광을 안게 되기를 바랍니다. 저는 믿습니다. 우리 젊은 과학도들이 노벨상을 수상하리라는 것을."

후학들에 거는 이 교수의 남다른 기대를 읽을 수 있는 대목이다. 노벨상의 감동을 우리 청소년들이 꼭 안게 되기를 그는 희망한다.

그는 또 말한다.

"재능 있는 사람은 의무가 있습니다. 세상을 더욱 좋게 하고 발전시키는 데 기여해야 하는 의무지요. 과학자는 받은 만큼 반드시 돌려주어야 합니다. 세상에 대한 기여, 이는 과학자의 책무입니다."

그의 말대로 그는 지금 과학자의 책무를 다하기 위해 세상에 대한 기여를 준비하고 있다. 우리 인류가 골고루 평등하게 잘사는 사회를 만들겠다는 과학적 신념, 이를 통해 그는 세상에 기여할 것이다. 그리고 '히거 신소재 연구센터'는 세상에 대한 기여를 현실화할 것이다. 그리하여 스웨덴에서 왈츠를 추게 해주겠다는 아내와의 약속, 그 약속이 실현될 날을 보고야 말 것이다.

이광희 교수, 그는 꿈을 그리기 위해 힘차게 비상하고 있다. 희망을 싣고 세계를 향해 날개를 활짝 펴고 날고 있다. 우리는 그가 있어 즐겁다. 그의 꿈과 희망, 이는 곧 우리의 꿈과 희망이다.

유비쿼터스 시대 시간과 장소, 컴퓨터나 네트워크 여건에 구애받지 않고 자유롭게 네트워크에 접속할 수 있는 정보기술(IT) 환경 또는 그 패러다임. 즉 어디서나 어떤 기기로든 자유롭게 통신망에 접속하여 갖은 자료들을 주고받을 수 있는 환경을 말한다.

유기물 플라스틱 태양전지 태양광을 흡수하여 전기로 바꿔주는 부분이 유기물인 태양전지를 '유기물 태양전지'라 하고, 유기물 중 고분자, 즉 플라스틱을 이용하여 만든 태양전지를 '고분자 태양전지' 혹은 '플라스틱 태양전지'라 한다.

풀러린(C_{60}) 미국 라이스대학교(Rice University) 대학의 스몰리(Smalley) 교수 등이 처음 발견한 60개의 탄소로 이루어진 축구공 모양의 분자를 말한다. 현재 나노과학·나노기술과 관련된 소자에 널리 응용되고 있다.

실리콘 태양전지 현재 일반적으로 널리 사용되는 태양전지로, 태양빛을 전기로 바꾸어주는 부분이 실리콘을 이용한 반도체 물질인 태양전지를 말한다.

박막형 태양전지 태양광을 이용한 태양전지 중 마이크로미터(μm) 이하의 두께를 가지는 태양전지를 말한다. 비정질 실리콘 태양전지, 화합물 태양전지, 적층형 태양전지와 유기물 태양전지 등이 박막형 태양전지이다.

히거 신소재 연구센터 전도성 고분자를 이용한 전자소자를 연구할 목적으로 2000년 노벨 화학상 수상자인 앨런 히거(Alan J. Heeger) 교수를 센터장으로 초청하여 2005년 6월 광주과학기술원에 설치된 연구센터이다. 현재 전도성 고분자를 이용한 태양전지, 발광다이오드, 트랜지스터, 메모리 등의 차세대 플라스틱 전자소자를 연구하고 있다.

02
신비한 의식의
흐름을 규명하다

이상훈(李相勳) 서울대학교 뇌인지과학과 교수

1986~1993   서울대학교 심리학과 학사
1993~1995   서울대학교 심리학과 석사
1996~2001   밴더빌트대학교(Vanderbilt University) 박사
2002   스탠퍼드대학교 연구원
2003   뉴욕대학교 연구원
2003~현재   서울대학교 뇌인지과학과 교수

신비한 의식의 흐름을
규명하다

우리 인간의 '의식(意識)'은 어디에서 나오는 것일까? 다름 아닌 뇌이다. 그렇다면 의식 작용을 최종적으로 종합하고 명령을 내리는 의식의 최고 사령부는 어디이고, 어떤 위계질서에 의해 작동하는 것일까? 그리고 과연 의식의 흐름은 관찰할 수 있을까?

그 해답은 2007년 8월 10일 신경과학 국제학술지 《네이처 뉴로사이언스(Nature Neuroscience)》에 발표된 서울대학교 뇌인지과학과 이상훈 교수의 논문 〈양안 경쟁의 기초를 이루는 시각피질들의 위계(Hierarchy of Cortical Responses Underlying Binocular Rivalry)〉에서 찾을 수 있다. 언뜻 보기에 골치 아플 것 같은 이 논문은 제목과는 달리 매우 재미있는 연구 결과를 담고 있다. 뇌 안에서 의식의 발자취를 따라 그 흐름을 추적하고 촬영까지 했기 때문이다.

이 연구 성과를 간단히 요약하면 이렇다.

우리 두 눈은 서로 조금 다른 이미지를 본다. 그리고 그 두 이미지가 매우 다를 때 시감각 의식(visual awareness)*의 내용을 서로 차지하려고 경쟁한다. 경쟁의 승리자는 시간에 따라 계속해서 뒤바뀐다. 왼쪽 눈의 이미지가 보이다가 오른쪽 눈의 이미지가 보였다가 하는 것이다. 이를 양안경쟁(兩眼競爭, binocular rivalry)*이라 한다.

양안 경쟁이 진행되면서 시감각 의식의 내용이 변화하는 순간에 '지각적 전이파도*'가 일어난다. 그리고 이러한 의식경험을 뒷받침하는 '신경적 전이파도*'가 뇌의 어딘가에 일어날 것이다.

그러나 이러한 현상이 뇌의 어디에서 시작되며, 시각피질(visual cortex)* 간의 상호작용이 어떠한 방식으로 이루어져 의식적 시각 경험으로 이어지는지는 수수께끼였다. 이상훈 교수는 바로 이러한 질문의 답에 한 걸음 다가서는 연구 결과를 발표하였다. 시각적 의식의 시공간적 변화를 조절하는 신경적 기작이 인간 뇌의 여러 위계적 시각피질 활동 간의 상호작용에 있음을 규명한 것이다.

그런데 잠깐, 양안 경쟁? 전이파도? 위계적 시각피질 활동? 요약문이 결코 간단하지 않다. 도무지 생경한 생물학적 용어가 마구 튀어나오고, 읽을수록 어렵기만 하다. 그러나 걱정 마시라. 이제부터 차근차근 의식의 흐름을 따라 들어가 볼 참이다. 재미있고 신기한 의식의 발자취, 이제 그 발자취를 좇아 들어가 보자.

의식의 발자취를 따라 그 흐름을 추적하다

먼저 양안 경쟁부터 들여다보자.

입체영화를 볼 때 우리는 색안경을 착용한다. 색안경은 한쪽은 빨간색,

다른 한쪽은 초록색으로 되어 있다. 이는 우리 눈을 통해 뇌로 들어오는 빛의 입자 파동의 일부만 걸러내기 위한 것이다. 빛의 입자 파동은 장파, 중파, 단파로 나뉜다.

입체영화는 두 눈의 시차 원리를 이용한다. 시차란 왼쪽 눈과 오른쪽 눈을 교대로 가리면 보이는 면이 달라지는 것으로, 사물이 우리에게 가까울수록 차이가 커진다. 편광(偏光) 방식의 입체영화는 두 대의 카메라에 각각 다른 진동면의 편광판을 대고 영화를 찍은 다음 두 대의 영사기로 필름을 돌리면서 편광 안경을 끼고 감상한다.

우리가 흔히 입체영화를 볼 때 착용하는 색안경은 이런 원리로 만들어진다. 그리고 색안경의 빨간색은 장파를, 초록색은 중파를 걸러낸다. 빛의 입자 파동이 빨간색은 장파, 초록색은 중파이기 때문이다. 입체영화는 한쪽 눈을 감고 보면 한쪽 영상은 눈에 들어오지 않아 영화를 즐길 수 없다. 예를 들어 빨간색 쪽 눈을 감았다고 하면 초록색만 식별되어 영상이 제대로 보이지 않아 생생한 입체감을 즐길 수 없는 것이다.

우리 두 눈은 각기 다른 이미지를 본다. 즉, 입체영화를 볼 때처럼 오른쪽 눈과 왼쪽 눈에 들어오는 이미지가 다르다는 말이다. 좌우의 시력이 달라서 하나의 사물이 각기 다른 이미지로 보이는 것과 같은 이치이다. 지금 한쪽 눈씩 번갈아 감고서 하나의 사물을 응시해 보라. 그러면 그 사물의 각도와 위치 등이 조금은 다르게 보인다는 사실을 금방 알 수 있을 것이다.

이 같은 현상은 왼쪽과 오른쪽 눈에 들어오는 신경 정보가 분리되어 있기 때문이다. 우리는 두 눈이 한 사물을 동시에 보고 있기 때문에 각각의 두 눈이 각기 다른 이미지를 보고 있다는 것을 인식하지 못하지만, 사실은 다른 두 이미지를 겹쳐서 보고 있는 것이다. 그리고 이렇게 두 눈을 통해 보이는 각기 다른 이미지는 뇌로 들어가기 전까지 각각 분리되어 독립된 영상을 가진다.

이렇게 분리된 이미지는 뇌에 들어가서야 비로소 합쳐진다. 정확히 말하면 서로 합쳐지는 것이 아니라 한 공간에 함께하는 것이다. 이때부터 경쟁이 시작된다. 한 공간에 들어온 각각의 독립된 영상이 서로 우위를 점하려고 경쟁을 한다는 것이다. 즉, 자기 시각 정보가 더 우세하다고 끊임없이 다툰다는 말이다. 이것이 바로 우리의 시감각 의식을 차지하려는 경쟁, 양안 경쟁이다.

양안 경쟁은 의식을 과학적으로 규명하는 데 매우 중요한 현상이다. 의식의 흐름을 규명한 이상훈 교수의 연구도 이 양안 경쟁에 기반하고 있다. 그럼 이제 이 교수의 연구를 자세히 들여다보자.

위계적 시각피질들의 활동과 상호작용을 규명하다

이번 연구에서 이 교수가 규명한 것은 초기 시각피질에서 일어나는 뉴런(neuron, 신경세포)의 역할이다. 지금까지 제대로 규명되지 않은 위계적 시각피질들 각각의 활동과 상호작용을 규명한 것이다.

우리는 가끔 무언가 골똘히 생각하거나 어떤 일에 집중하고 있으면 누가 부르거나 말을 건네도 알아차리지 못할 때가 있다. 이를 다시 생각하면, 상대방에 주의를 기울이고 있으면 말이 귀에 들어오고, 그렇지 않으면 말이 귀에 안 들어온다. 같은 이치로 어떤 사물에 집중하거나 신경을 쓰면 그것이 눈에 들어오고, 그렇지 않으면 눈에 들어오지 않는다.

별 관심 없이 그냥 쓱 지나치면 아무리 눈에 잘 띄는 사물이라도 무심코 지나가고, 관심 있게 봐야겠다 하는 것은 눈에 쏙 들어온다. 이는 주의를 통제하는 뇌 활동이 시각 정보를 처리하는 시각피질에서 일어나는 변화를 조절하고, 이것에 따라 우리의 의식이 영향을 받기 때문이다.

이 교수가 연구한 것은 바로 이것이다. 다시 말해서 시각의 변화를 추적하여 이와 같은 현상이 어떻게 일어나는지 시각피질들 간의 상호작용과 분화된 기능을 규명한 것이다.

우리 뇌가 처리하는 감각 정보의 80% 정도를 시각이 차지한다. 그리고 시각 정보는 대뇌 시각피질이 처리한다.

우리 눈에 이미지가 들어오면 이 정보는 뒤통수 쪽에 있는 뇌의 시각피질에 먼저 도착한다. 시각피질은 위계적으로 배열되어 있는데, 1차 시각피질(V1)의 겉을 2차 시각피질(V2)이, 2차 시각피질은 3차 시각피질(V3)이, 3차 시각피질은 4차 시각피질(V4)이 둘러싸고 있다.

시각 정보가 가장 먼저 도착하는 곳은 1차 시각피질이다. 1차 시각피질에 도착한 시각 정보는 다시 2차, 3차 시각피질로 전달된다. 이러한 과정에서 시각 정보는 종합적으로 인식되어 우리가 눈으로 보는 이미지를 형성한다. 좀 더 설명하면 시각피질들이 분업 형태로 상호작용을 하면서 명암과 윤곽, 색과 음영, 움직임 등의 요소들을 종합적으로 인식하여 이미지를 형상화하는 것이다.

우리가 단순히 눈으로 보는 이미지가 이처럼 복잡한 과정을 거쳐 나온다니 놀랍기만 하다. 그런데 이때 벌어지는 현상이 있다. 바로 양안 경쟁이다. 왼쪽 눈과 오른쪽 눈을 통해 들어온 각각의 정보를 전달받은 뉴런들이 서로 자기 정보가 더 정확하다며 뇌를 차지하기 위해 경쟁하는 것이다. 그리고 우리는 결과적으로 왼쪽과 오른쪽 눈에 보이는 두 개의 영상을 번갈아 본다. 즉, 매 순간 경쟁에서 승리한 정보를 의식적으로 경험하는 것이다.

의식의 세계인 무형의 마음을 들여다본다

지난 2001년과 2005년, 이 교수는 《네이처》와 《네이처 뉴로사이언스》에 양안 경쟁 중 시감각 의식의 내용이 변화하는 순간에 '지각적 전이파도(파도처럼 퍼지듯이 보이는 것)'가 일어나며, 이를 뒷받침하는 '신경적 전이파도(신경세포의 흥분이 전이되는 것)'를 1차 시각피질에서 관찰하여 논문을 발표했다.

특히 2005년 발표한 논문은 지각적 전이파도가 신경적 전이파도를 그대로 반영하고 있다는 것을 정량적으로 밝혀내 이듬해 의식을 연구하는 과학자들의 모임인 의식과학학회(Association for the Scientific Study of Consciousness)가 수여하는 '윌리엄 제임스 상(William James Prize)'을 수상했다. 이 상은 미국 심리학의 제창자로 추앙받는 심리학자이자 철학자 윌리엄 제임스를 기리기 위해 제정된 상이다.

이 연구에서 이 교수는 '뉴런들 사이의 흥분 파도'를 규명했다. 당시 이 교수가 수행했던 실험은 이렇다.

이 교수는 실험대상자인 관찰자에게 강한 대비의 회오리무늬의 원과 약한 대비의 빗살무늬의 원을 양쪽 눈에 각각 보여주었다. 관찰자에게는 강한 회오리무늬만이 보일 때 버튼을 누르도록 했다. 그리고 관찰자가 버튼을 누른 순간, 즉 회오리무늬가 의식을 차지했을 순간, 그동안 의식에서 억압되어 오던 빗살무늬 원의 일부를 강하게 자극하였다. 그러면 억압되어 있던 빗살무늬가 그 자극받은 곳에서 보이기 시작한다. 그리고 다른 곳으로 퍼져 나가며 그동안 자기를 억압하던 회오리무늬를 사라지게 한다. 즉 관찰자의 시각 경험이 회오리무늬에서 빗살무늬로 변화될 때 일종의 지각의 전이파도가 일어나는 것이다.

이 교수는 이처럼 관찰자가 특정 지점에서 빗살무늬가 퍼져 나가는 것을 보는 동안 뇌에서 각 지점을 담당하는 시각피질의 영역들이 차례로 흥분의 파도를 만들어 내는 것을 기능적 자기공명영상장치(fMRI : functional Magnetic Resonance Imaging)*를 이용하여 관찰하였다.

이를 통해 이 교수는 빗살무늬가 파도처럼 지각되는 현상이 시각피질에서 나타나는 '뉴런들 사이의 흥분 파도'가 반영된 결과라는 것을 규명했다. 이 연구는 이전까지 규명하지 못했던 인간 시각피질의 흥분성의 전이파도를 정량적으로 측정하고, 그것이 시각 경험과 연결되어 있음을 규명했다는 데 의의가 있다.

이 교수는 여기서 한 걸음 더 나아가 1차 및 2, 3차 시각피질들 간의 상호작용이 어떠한 방식으로 이루어지는지 분석하였다. 그 결과 양안 경쟁의 전이 시기에 발생하는 신경적 전이파도가 1차 시각피질에서 시작되지만, 1차 시각피질의 활동만으로는 의식의 발생이 충분하지 않고 2차, 3차 시각피질로 전이되어 상위 피질에 이르러야 지각적 전이파도라는 의식적 경험을 일으킨다는 결론을 얻었다.

이 연구 결과가 바로 2007년 《네이처 뉴로사이언스》에 발표된 논문이다. 2005년 논문에서는 1차 시각피질을, 2007년 논문에서는 1차 및 2, 3차 시각피질의 상호작용과 위계를 밝혀낸 것이다.

이때 수행한 실험은 이렇다. 실험대상자인 관찰자들에게 양쪽 눈에 회오리무늬와 빗살무늬의 원을 보여준다. 그리고 빗살무늬를 자극하는 실험을 하면서 관찰자들에게 원의 중심에 초당 6, 7개씩 나타나는 알파벳 문자를 보여주고 알아맞히도록 한다. 쉽게 말해서 원의 중심에 주의를 기울였을 때 시각피질이 빗살무늬의 파도를 어떻게 파악하는지 살펴본 것이다.

그 결과 실험에 참여한 관찰자들은 알파벳 맞히기에 너무 집중한 나머지 빗살무늬가 번져가는 것을 거의 의식하지 못했다. 이는 우리가 다른 생각에 빠져 있거나 매일 오가는 길을 습관적으로 오갈 때 뻔히 눈을 뜨고 보면서도 주변에 무슨 일이 있었는지 전혀 의식하거나 기억하지 못하는 것과 같은 이치다.

실험 결과 알파벳 문자 알아맞히기를 했을 때와 하지 않았을 때 1차 시각피질은 거의 차이를 나타내지 않았다. 두 경우 모두 1차 시각피질의 뉴런들은 차례차례 흥분하는 파도를 보여주었다. 그러나 2차 시각피질과 3차 시각피질은 이러한 흥분의 파도를 나타내지 않았다. 다시 말하자면, 눈을 통해 시각 정보가 들어오면 1차 시각피질은 망막의 세포가 받아들인 정보를 충실하게 반영하지만 그 이

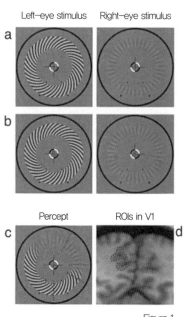

Figure 1

상의 시각피질로는 제대로 전달되지 않는 것이다.

이 연구를 통해 이 교수는 '의식적 인지'가 1차 시각피질의 작동으로만 이루어지는 것이 아니라는 사실을 규명했다.

지금까지 의식적 인지는 전두엽(대뇌 반구의 앞부분. 운동 중추와 운동 언어 중추가 있고, 사고 · 판단과 같은 고도의 정신 작용이 이루어지는 곳)이나 두정엽(대뇌 반구의 가운데 꼭대기. 피부 감각과 미각의 중추가 있고, 그 뒤쪽에는 지각 · 인지 · 판단 따위에 관한 연합령이 있다)이 관여하기 때문에 가능하다고 여겨 왔다.

여기에 이 교수는 시각피질들 간의 상호작용과 위계를 밝힘으로써 하위의 시각피질에 '주의를 집중하라'는 상위 시각피질의 명령이 하달되어야 의식적인 인지가 가능하다고 추정할 수 있는 근거를 마련했다.

1차 시각피질과 2, 3차 시각피질의 전이파도를 규명한 이 교수의 연구는 '아마도 그럴 것이다'라고 추정하고만 있던 사실을 실험적으로 검증했다는 데 의의가 있다.

전 세계적으로 의식에 대한 신경과학적 탐구가 본격적으로 시작된 것은 불과 20년 남짓이다. 이 교수의 연구 성과가 빛나는 것은 이런 이유에서다. 이제 막 과학적 주제가 되고 있는 걸음마 단계의 연구 분야에 이 교수의 성과는 많은 영향을 끼칠 것이기 때문이다.

의식의 흐름을 추적하고 그 역동적인 변화의 대뇌 기반을 규명하여 초기 시각피질의 기능과 역할에 대한 기초를 마련함으로써 뇌의 메커니즘을 이해하는 데 기여한 이상훈 교수의 연구는 이제 우리 뇌의 비밀을 파헤치는 훌륭한 도구가 될 것이다.

의식의 흐름을 규명한 이 연구는 2004년 서울대 부임과 동시에 시작되었다. 이전까지는 주로 의식의 내용, 즉 행동 연구에 집중하고 있었다. 이는 의식의 흐름의 대뇌 기반을 연구하기 전 단계의 연구였다. 이 교수는 현재 시각 정보 처리와 관련한 대뇌피질 기전을 이해하기 위한 연구를 수행하고 있다. 그리고 핵심적인 연구들은 이미 예비 실험 단계에 이른 상태이다.

후속 연구들은 모두 이 교수의 학문적 꿈과 연결되어 있다. 그의 꿈은 무형의 마음에서 벌어지고 있는 시각 현상을 정량화(定量化)*하고, 대뇌 활동도 정량적으로 측정하고, 마음과 대뇌 활동을 연결하는 계산적 모형을 만드는 것인데, 이 연구를 발판으로 지속적인 연구를 수행하여 성과를 남기고 싶다는 것이다. 의식의 세계인 무형의 마음을 과학적으로 규명하여 이를 수치로 정량화한다는 발상이 어찌 보면 재미없게도 느껴지지만 한편으로는 신기하기도 하다.

그러나 우리 마음이나 의식도 결국은 뇌의 활동인 만큼 과학적으로 규명하고자 하는 그의 희망은 당연하다. 과연 어떤 결과가 나올지, 벌써부터 궁금한 이유는 이 때문이다.

가슴 벅찬 매력으로 다가온 새로운 세계

연구 성과를 설명하는 그의 눈은 진지하다 못해 냉철하다. 얼굴에는 열정이 가득한데 일면 차가운 인상마저 준다. 눈빛이 생생하게 움직이며 살아 있어 보는 이로 하여금 '과연 심리학자구나' 하는 생각마저 들게 한다. 그러나 웃을 때는 꼭 순진한 어린아이를 보는 듯하다. 웃는 얼굴에는 어디에도 차갑거나 냉철한 구석은 찾아볼 수 없다.

이런 모습은 그의 방에 그대로 나타나 있다. 교수실에 들어서면 제일 먼저 한쪽 벽면에 부착된 화이트보드가 눈에 들어온다. 가로 3~4미터쯤은 족히 되어 보이는 대형 보드다. 벽에 부착된 보드 옆에는 또 하나의 화이트보드가 세워져 있다. 이 역시 크기가 만만치 않다.

교수실 문 바로 옆 서랍장 밑에는 등산화를 포함하여 운동화가 차곡차곡 포개져 있다. 대충 보니 일곱 켤레다. 여행용 가방도 보인다. 책상에는 대형 모니터 세 대가 나란히 도열해 있고, 장식장과 책꽂이는 그렇게 썩 정리가 잘된 편이 아니다. 거기에는 DVD와 꽤 많은 음반들, 작은 액자들, 자동차 소품과 동전통, 야구공도 보인다. 심리학자의 방치고는 조금 산만하다는 인상을 지울 수 없다. 두 개의 화이트보드에는 알 수 없는 그림과 그래프, 수식과 기호 등이 어지럽게 얽혀 있다.

"저는 주로 그림으로 사고합니다. 그리고 중요한 일 아니면 언제나 문을 열어 놓습니다. 학생들이 궁금한 것이 있거나 하면 언제든지 들어오라는 뜻입니다."

두 개의 화이트보드에 글과 그림이 어지럽게 꽉 채워져 있는 이유를 비로소 알 것 같다. 학생들과 즉석에서 토론하고 연구하는 모습이 선하게 눈에 그려진다.

여행용 가방은 1년 중 3분의 1인 3~4개월은 외국 출장을 다니기 때문에 늘 비치해 놓는다. 여름과 겨울, 방학 중에 그는 늘 연구 활동을 하느라 외국에 나가 있다. 주로 미국의 뉴욕대학교로 많이 가는데, 겨울방학 때는 아예 그곳에서 살다시피 한다.

운동화가 많은 이유는 운동을 좋아하고 즐기기 때문이다. 야구공은 대학 때 야구를 좋아했는데 미국 유학 시절 야구를 보러 갔다가 기념으로

가져온 것이다. 음반은 당
연히 취미가 음악감상이
라서 많다. 주로 블루스를
즐겨 듣는 편인데, 어떤
것에 빠지면 거기에 몰입
한다.

주로 그림으로 사고를 한다는 이상훈 교수. 그는 학생들
과 끊임없는 대화를 하며 연구를 수행한다.

"초등학교 때는 꿈이 참
많았어요. 택시 기사나 소방수가 되고 싶었던 적도 있었죠. 활동적인 것
을 좋아하고, 멋있다 싶으면 다 해보고 싶었죠. 중학교 때는 가수를 꿈꾸
기도 했어요. 사실 과학의 길로 들어섰을 때 친구들이 깜짝 놀라더군요."

경남 고성에서 태어난 그는 중학교 때까지만 해도 지극히 평범한 말썽
꾸러기였다. 초등학교 때는 사고도 많이 쳤고, 중학교 때는 시험 전날에
야 초치기로 공부하는, 그야말로 모범생과는 거리가 멀어도 한참 먼 학
생이었다. 인생의 전환점은 고등학교 때였다. 중학교까지 고성에서 마치
고 고등학교는 진주로 유학을 왔는데, 이때 그는 쓰라린 체험을 하게 된
다. 그것은 성적순으로 줄을 세우는 비인간적인 처사였다.

공부에 취미가 없는 그가 학과 성적이 좋았을 리 없다. 그런데 고등학
교 1학년 학기 초에 학교는 성적순으로 학생들을 줄을 세웠다. 명문대 진
학률을 높이려는 학교의 정책과 성적순으로 학생들을 취급하는 현실이
그는 참으로 치사하게만 보였다. 그 비애감은 그로 하여금 자발적으로
공부를 하게 했다. 공부에 관심이 없어서 그렇지 나도 하면 잘할 수 있다
는 것을 보여주자고 생각한 것이다.

그렇게 여름방학 내내 그는 작심하고 공부에 매달렸다. 그리고 아침

6시부터 저녁 12시까지 뭔가 보여주겠다며 책과 씨름한 결과 보란 듯이 목표를 달성할 수 있었다. 여름방학이 끝나고 치른 시험에서 담임선생이 이 정도면 전국 수석을 바라보고 공부를 하라고 격려할 정도로 성적이 올랐던 것이다.

그러나 이내 그는 공부에 흥미를 잃고 말았다. 단지 성적을 위해 매달려야 하는 공부가 재미없었던 것이다. 대신 그는 하모니카를 불고 기타를 치면서 독서에 몰입했다. 그리고 그때 읽은 책들은 그의 인생을 180도 바꾸어 버렸다.

《뇌과학》,《마음의 신비》는 공부에 흥미를 잃고 독서에 빠졌을 때 그가 읽었던 책들이다. 이 책들은 그에게 새로운 세계를 그려 주었다. 인문학적인 주제를 과학적으로 설명하고 관찰한 이 책들은 그에게 재미는 물론 벅찬 매력으로 다가왔다.

내가 해야 할 공부는 바로 이거야! 그는 가슴속에서 솟아오르는 전율에 푹 빠져들었다. 그때부터 다시 그는 공부를 했다. 목표는 심리학과 진학이었다. 그리고 목표했던 심리학과에 무난히 합격할 수 있었다. 주위에서는 법대나 의대를 가라며 만류했지만 아무도 그의 굳은 의지를 꺾을 수는 없었다.

포기하지 말고 과정을 즐겨라

지금도 그는 가끔 교수실에서 기타를 친다. 또 틈틈이 노트에 시도 적고 글도 적는다. 이런 정서는 아버지의 영향이 컸다.

부산대학교 국문과를 나온 그의 아버지는 늘 책과 함께했다. 시집도 내고 시작 활동을 하며 평생을 책과 살아온 아버지의 서재는 그에게 보물 창고나 다름없었다. 아버지 서재에 가득한 온갖 장르의 책은 언제나 그의 가슴을 설레게 했다. 특히 철학 책을 볼 때마다 '나는 언제 이런 책을 이해할 수 있을까' 생각하곤 했다. 아마도 이런 생각은 자연스럽게 그를 심리학이란 학문으로 이끌었으리라.

아버지는 그에게 매력적이면서 이상적인 지식인이었다. 아버지는 어린 그가 이따금 시를 적어 오면 인자하게 보시고 점수도 매겨 주곤 했다. 대학 시절에 그는 문학과 연극 동아리 활동을 하며 연출도 하고 대본도 쓰는 등 예술적인 끼를 마음껏 발산했는데, 이는 어린 시절의 환경과 정서에서 출발한다.

그래서 만약 과학자가 되지 않았으면 지금쯤 글도 쓰고 연출도 하고 있을 거라고 그는 말한다. 그러고 보면 그는 집안의 돌연변이다. 그의 형과 동생은 모두 음악을 전공했고, 사촌들도 대부분 예술계에 몸담고 있다. 유일하게 과학과 연결된 끈은 그의 외할아버지다. 그의 외할아버지는 발명가였다.

이쯤 되면 과학의 길로 들어섰을 때 친구들이 놀랄 정도였다는 그의 말에 고개가 절로 끄덕여진다. 자유분방한 예술가 기질이 다분한 그가 과학자가 되었다는 것이 조금은 희한할 정도다. 그러나 그는 학문에 임할 때는 결코 자유분방하지 않다. 그는 학문적인 면에서는 누구보다도 냉철하고 완벽함을 추구한다.

연구를 할 때는 기여를 확실히 하자. 이 교수의 '연구관'이다. 그리고 그는 결코 논문을 쓰기 위해 연구를 하지 않는다. 논문도 다작은 지양하고 반드시 학문적 기여를 달성할 수 있는 논문만 쓴다. 학문적 기여, 이는 학자로서의 철학이다.

그는 또 결과보다는 과정을 즐긴다. 그 과정 속에 끊임없이 공부하고 스스로 채찍질하며 노력한다.

그는 수영을 즐기는데 수영법은 인터넷에서 다운을 받아 강사도 없이 혼자 연습을 했다. 기타 연주도 마찬가지다. 기타 역시 독학을 했는데, 음반을 듣고 악보를 옮기면서 연습을 하였다. 5분 정도 노래의 악보를 무려 1년 동안이나 옮겨 적은 적도 있다고 한다. 그렇게 홀로 연습을 하고 완성했을 때의 희열이란 그 누구도 만끽할 수 없는 짜릿함이다. 그리고 스스로 대견하고 자랑스럽다. 단기간의 완성보다는 긴 시간 동안 공을 들인 과정, 이 과정이 그는 세상에서 가장 즐겁다.

연구 또한 그렇다. 연구가 생각대로 안 풀릴 때는 마치 지옥 같지만 그래도 과정이 있기에 포기하지 않는다. "나는 포기하지 않는다!" 교수실 벽면에 부착되어 있는 화이트보드 한 구석에 써 있는 글귀다. 〈이웃집 토토로〉, 〈센과 치히로의 행방불명〉 등의 걸작을 만든 일본의 세계적인 애니메이션 감독 미야자키 하야오의 말이다.

비록 과정은 고통스럽지만 끝까지 포기하지 않고 정진하면 결국에는 새로운 지평을 열 수 있다는 그의 신념을 어렵지 않게 읽을 수 있다. 연구뿐만 아니라 그 어떤 사소한 것일지라도 잘 풀리지 않을 때면 그는 항상 이 말을 좌우명처럼 떠올린다.

끊임없이 사고를 확장하고 '생각의 근육'을 길러라

"우리 연구팀을 세계적인 연구팀으로 성장시키고 싶어요. 그럴 능력도 충분하다고 생각합니다. 우리나라 학생들은 정말 뛰어나니까요. 우리 연구팀을 세계적인 팀으로 만들어 우리 학생들이 어디에 나가도 최고라는 소리를 듣게 하는 것, 그것이 지금 목표입니다."

세계의 우수한 연구원들이 오고 싶은 연구팀으로 만드는 것, 이 교수가 바라는 희망이다. 그는 우리 학생들을 매우 긍정적으로 평가한다. 세계 최고라 할 만큼 굉장히 좋은 자질을 갖추고 있다는 것이다. 그래서 그는 행복하다. 꽃밭의 정원사가 되어 물을 주면 꽃들이 무럭무럭 힘차게 자라나기 때문이다.

그러나 이런 그에게도 고민은 있다. 학생들이 합리적인 환경에서 연구에만 전념할 수 있도록 하고 싶은데 현실은 그렇지 못하기 때문이다. 또 실험 장비와 연구 환경 등 제대로 뒷받침하지 못하는 게 안타깝기만 하다. 공부하고 연구할 때만큼은 잡다한 일과 어려움을 겪게 하고 싶지 않은데 아직은 마음뿐인 것이다.

실제로 이 교수는 연구에 많은 고통을 겪고 있다. 겨울방학이면 미국으로 날아가 장기간 머물며 연구를 하는 것도 이 때문이다. 국내에는 실험을 하기에 정교한 부대장비가 없어 연구원으로 몸담았던 뉴욕대학에 가서 연구를 수행하는 것이다.

그렇게 뉴욕대학에 가면 장비를 임대해 짧은 기간 실험을 마쳐야 하는데, 이때는 한마디로 전쟁이다. 주말도 없이 매일같이 새벽부터 한밤중까지 시간에 쫓기면서 연구를 하고, 숙소에 돌아오면 파김치가 되어 학생들과 엉켜 쓰러진다. 두 달 동안 1년치 데이터를 얻어야 하는 상황이니 어쩔 수 없다.

그러나 보람은 더할 수 없이 크다. 하고 싶은 연구를 좋아서 하는데 이

보다 더 행복한 일이 어디 있을까. 그리고 이런 과정을 거친 학생들이 세계적인 과학자로 성장하는 것을 지켜보는 것은 어쩌면 행운일 것이다.

후학들을 바라보는 그의 애정은 남다르다. 표현 잘하고 개성 강하고 무엇이든 즐기는 자세가 부러울 정도라고 한다. 그러나 그는 개인적인 삶과 욕망을 지나치게 추구하는 것은 경계해야 한다고 말한다. 개인적인 삶과 욕망에 집착하면 공동체적인 삶을 망각할 수 있다는 것이다. 개인적 성취도 사회적 자아실현의 바탕에서 이루어야 한다는 말이다. 그리고 자신의 환경과 욕망도 중요하지만 다른 사람의 환경과 욕망도 중요하다는 자세를 지녀야 한다고 강조한다.

이를 위해서는 풍부한 독서로 소양을 길러야 한다고 말한다. 특히 과학자를 꿈꾸는 청소년들은 편식하지 않는 다방면의 독서를 통해 시선의 폭을 넓히고 끊임없이 사고를 확장하라고 말한다. 한마디로 '생각의 근육'을 기르라는 것이다. 과학은 커뮤니티다. 그러므로 독서를 통해 우리가 모르는 더 많은 세상을 들여다보고, 생각하고, 그것을 조리 있게 전달하는 훈련을 해야 한다. 과학적 영감은 바로 이 과정에서 나온다. 그리고 그 영감은 세상을 변화시킨다.

"과학은 국가적인 차원에서 즐겨야 합니다. 과학은 '경쟁'이 아니라 '기여'입니다. 이제 우리나라 과학계도 인류의 미래와 행복을 위해, 또 과학의 발전을 위해 기여해야 할 시점에 와 있습니다. 세계의 협력자, 동반자적인 자세를 가지면 우리 과학의 위상은 저절로 세계 정상에 올라 있을 겁니다."

세계 최고도 좋지만 이제는 양적인 면보다는 질적인 면을 추구하여 세계에 기여하는 한국 과학이 되어야 한다는 이상훈 교수. 그는 어느 나라보다 뛰어난 인적 자원을 가졌기에 우리 과학이 세계에 기여할 날도 머지않았다고 확신한다. 그러기 위해서는 개인적인 성공보다는 기여에 목표를 두어야 한다고 말한다.

그러려면 먼저 과학에 대한 정책적인 지원이 더욱 있어야 한다. 공동의 선으로서의 과학을 추구하고 집중할 수 있는 현실적인 환경과 정책 지원을 해주어야 하는 것이다. 그래야만 과학자들이 현장에서 연구에 매진할 수 있다.

특히 설비와 장비, 네트워크 등 융합적인 공동 연구를 수행할 수 있는 시스템과 과학단지 조성은 필수적이다. 서울을 위시한 각 지역마다 이러한 공동 연구단지와 시스템이 조성되어 있으면 우리 과학자들은 더욱 심화된 연구를 수행하여 세계에 더 많은 기여를 할 수 있을 것이다.

꺼지지 않는 열정으로 언제나 처음처럼

"지금까지 살면서 제 생애 최고의 순간은 아내를 만났을 때예요. 아내의 도움과 이해, 배려가 없었다면 아마 저는 공부에 집중하기 어려웠을 겁니다. 그리고 제 논문이 학술지에 처음 게재된 날 또한 잊지 못할 순간이지요."

'내 생애 최고의 순간'을 그는 이렇게 말한다.

그의 아내 사랑은 각별하다. 심리학과 후배인 아내 장수은 씨는 미국 국립정신보건원에서 박사후연구원 과정을 밟으며 '언어병리의 대뇌기전 연구'를 하고 있다.

한국과 미국에 떨어져 있는 동안에도 마음은 늘 함께 있다. 그의 책장

한쪽에 있는 사진 속 아내의 미소는 햇살처럼 투명하다. 그 투명한 미소는 언제나 그를 거울처럼 비춰 준다. 그리고 늘 한결같이 발랄한 모습으로 그의 곁을 지켜 준다.

때로 그는 연구가 제대로 풀리지 않아 우울할 때가 있는데, 그때마다 아내는 용기와 활력을 선사하며 에너지를 불어넣는다. 그래서 아내는 그에게 이 세상 최고의 선물이다. 사랑스러운 아들과 누구보다 자신을 잘 알고 이해하는 사랑스런 아내, 가족은 그에게 세상 무엇과도 바꿀 수 없는 행복이다.

의식의 흐름을 규명하여 이 분야의 연구에 초석을 쌓은 이상훈 교수. 그는 스스로 '확립된 연구자'가 아니라고 말한다. 지금은 과학자로 성장해가는 과정에 있으며, 아직은 노력하는 단계라는 것이다. 그래서 그는 늘 처음처럼 꺼지지 않는 열정으로 살고 있다.

그는 《사이언스》에 논문이 처음 실렸을 때의 감동을 잊지 못한다. 미국의 밴더빌트대학교에서 박사 과정을 밟고 있을 때인 1998년의 어느 날 그는 잠을 청하려 누웠다가 스치고 지나가는 영감을 머리맡에 메모해 두었다. 다음 날 그는 학교에 가자마자 바로 연구를 시작했다. 결과는 대만족이었다. 그렇게 머리맡 메모가 씨앗이 된 이 연구는 마침내 《사이언스》에 게재되었다.

그때의 기쁨이란 하늘에라도 날아오를 것만 같았다. 세계 최고의 학술지에 논문이 실려서가 결코 아니었다. 순수한 열정이 빛을 발했기 때문이었다. 그 열정의 과정이 그를 흥분시켰던 것이다.

석사 과정 때 그는 좋은 논문을 읽고 나면 요동치듯 가슴이 두근거리곤 했다. 그러면서 언젠가는 자신 역시 단 한 편이라도 멋진 논문을 내면 그

것처럼 짜릿하고 멋진 일은 없을 거라고 생각했다. 그리고 지금 그는 그 짜릿하고 멋진 일을 몇 번이나 해냈다. 그러나 그는 지금까지 한 번도 초심을 잃은 적이 없다. 언제나 처음 마음으로 연구를 하고 논문을 쓴다.

그는 아직 젊다. 그의 손으로 해야 할 연구들이 그를 기다리고 있다. 이 교수는 말한다. 나이가 들어도 꺼지지 않는 열정으로 첫 마음 그대로 있었으면 좋겠다고. 열정이 사라지는 그날까지 실험실에서 혼을 사르겠다고. 그리고 열정은 자신을 쉽게 놔주지 않을 것이라고. 이제 그 순수한 열정은 우리 뇌의 신비한 메커니즘과 비밀을 파헤치게 할 것이다.

시감각 의식(visual awareness) 의식과 관련하여 어떤 시각 정보의 내용은 우리의 마음에 명백하게 자각되기도 하고, 다른 시각 정보의 내용은 의식되지 않으면서 우리의 행동이나 뇌의 다른 영역에 사용되는 정보를 제공하기도 한다. 이 중 자각되어 의식된 시각 정보의 내용 혹은 의식된 시각 정보 처리 과정을 가리켜 '시감각 의식'이라 한다.

양안 경쟁(兩眼競爭, binocular rivalry) 양쪽 눈에 서로 다른 이미지를 보여주면 두 이미지가 시간에 걸쳐 번갈아 지각되는 시각 현상을 말하며, 마치 양쪽 눈의 이미지가 서로 시각 의식의 내용을 차지하려고 경쟁하는 것 같다고 하여 '양안 경쟁'이라 부른다. 먼저 시선의 초점을 아래 그림과 두 눈 사이 적당한 곳에 맞춘다. 그리고 손가락을 그림 가운데에 가져다 댄 다음 천천히 양 눈 사이로 당겨오면서 손가락 끝을 응시하다보면 적절한 지점에서 미녀와 야수의 모습이 겹쳐 보이게 된다. 이때 손가락을 떼고 응시하면 미녀와 야수가 순간순간 뒤바뀌는 경험이 일어난다.

미녀와 야수 그림

지각적 전이파도 양안 경쟁 상태에서 한쪽 이미지에서 다른 쪽 이미지로 전환할 때 일어나는 시지각 현상이다. 그동안 시감각 의식에서 억압되어 있는 이미지의 한 부분이 의식되기 시작하고, 그 자각된 부분이 점점 시간에 걸쳐 공간적으로 확산되어 결국 시감각 의식 전체를 지배하게 되는 현상을 가리킨다.

신경적 전이파도 양안 경쟁 중 지각적 전이파도를 경험하는 사람의 시각피질에 지각적 전이파도에 상응하여 일어나는 피질 활성의 시공간적 확산 현상을 말한다.

시각피질(visual cortex) 뇌의 뒤쪽인 후두엽에 위치하여 시각 정보 처리를 담당하는 대뇌피질의 영역을 가리킨다. 망막에서 출발한 시신경이 시상의 LGN을 거쳐 대뇌에 처음 도착하는 영역인 1차 시각피질(V1)과, 그것을 둘러싸고 있는 V2 · V3 · V3A/

B · V4 · MT/MST · VO · IT · LO 등의 하위 영역들로 구성되어 있다.

기능적 자기공명영상장치(fMRI : functional Magnetic Resonance Imaging)
동물이나 사람 뇌의 신경계에서 발생하는 신경 활동은 뇌 혈류의 움직임과 변화를 일으키는데, 뇌 혈류의 변화가 일으키는 자기장의 에너지 변화를 탐지하여 간접적으로 집단적 신경 활동을 추정하는 특정한 종류의 MRI 스캐닝 방식을 가리킨다.

시각 현상의 정량화(定量化) 우리의 시각 경험은 직접 경험되는 것으로, 매우 주관적이어서 그 경험 자체를 객관적 실험의 데이터로 쓸 수 없다. 이런 이유로 심리학자들은 시각 경험의 내용을 숫자로 번역하여 측량하는 기법을 오랫동안 발전시켜 왔다. 대표적인 예는 '정신물리학'으로 물리적인 시각 입력의 정량적 변화에 상응하는 시각적 경험의 내용이나 상태를 특정 시각 과제의 수행 점수로 측량하는 것이다.

03
이타성의 진화,
그 비밀을 벗기다

최정규(崔晶奎) 경북대학교 경제통상학부 교수

1986~1990   서울대학교 경제학과 학사
1993~1995   서울대학교 경제학과 석사
1998~2003   매사추세츠대학교 애머스트캠퍼스 경제학 박사
2005~현재   경북대학교 경제통상학부 교수

이타성의 진화,
그 비밀을 벗기다

  인간은 대개 이기적이다. 자기 자신의 이익만을 꾀하는 이기심(利己心)은 인간의 본성이며, 인류 탄생 이래 그렇게 진화해 왔다. 그런데 이기적 인간들 사이에 이타적 인간이 존재한다. 이기심과 상반된 이타심(利他心)은 행동의 목적을 타인의 이익에 둔다.

  이타심은 이기심에 비해 적은 보수가 돌아오기 때문에 자연선택에 의해 진화 과정에서 점차 사라져야 한다. 그럼에도 불구하고 우리 주위에는 이타적 인간들이 있다. 그렇다면 이타적 인간들의 행동은 어떻게 설명할 수 있을까?

  이타성(利他性, altruism)*은 진화생물학에서 오랫동안 다루어 왔던 주제다. 그동안 많은 학자들이 이에 대한 의문을 품고 이타성의 진화 과정을 규명하려고 연구를 거듭해 왔다.

  19세기 이후 인류의 자연 및 정신문명에 커다란 변화를 불러온 영국의 생물학자 찰스 다윈도 그의 저서 《인간의 유래》에서 이타성을 언급했지만, 이는 설명하기가 참으로 어렵다고 했다. 이타성의 진화 과정은 찰스 다윈에게도 골칫거리였던 것이다.

이처럼 이타성의 속성과 진화 과정은 지금까지 풀지 못한 미스터리로 남아 있었다. 그런데 최근 이 미스터리에 대한 새로운 해법이 제시되어 눈길을 끌고 있다. 그것도 생물학자가 아닌 한 경제학자에 의해서.

주인공은 경북대학교 경제학과 최정규 교수. 그는 〈자기집단중심적 이타성과 전쟁의 공동 진화(The Coevolution of Parochial Altruism and War)〉라는 논문을 2007년 10월 《사이언스》에 발표했다.

미국의 산타페연구소와 시에나대학 경제학과 새뮤얼 보울스(Samuel Bowles) 교수가 교신저자로 참여한 이 논문에서 최 교

국내 경제학자 최초로 《사이언스》에 논문을 발표한 최정규 교수.

수는 '이타성의 진화'가 '외부인에 대한 적대적 태도'와 결합함으로써 일어날 수 있다는 것을 게임이론(game theory)*을 이용하여 보여주었다. 경제학자의 논문이 세계적 과학 학술지인 《사이언스》에 실렸다는 점에서 이 논문은 큰 관심과 함께 주목을 받고 있다.

최 교수의 연구 내용을 간단히 요약하면 이렇다. 인류 역사에 이타적 속성이 진화해 올 수 있었던 것은 이타적 속성이 외부인에 대한 적대(敵對)와 결합함으로써 가능했을 수도 있다는 것이다.

우리 인간은 자신이 속한 집단 구성원에게는 이타적이지만 외부인에게는 적대적 모습을 띠는 경향이 있다. 그런데 이 두 가지 속성, 즉 이타성과 외부인에 대한 적대성이 결합할 경우 전쟁에서 다른 집단을 이

길 확률이 높아지는데, 이러한 집단 선택을 통해 이타성이 진화해 왔을 가능성이 크다는 것이다. 좀더 설명하자면 이타심이 자기집단중심주의 (parochialism)와 만날 때 생존경쟁에서 살아남을 확률이 높아진다는 것을 게임이론을 통해 보인 것이다.

종교 갈등, 민족 갈등, 지역 갈등 등에서 이타성은 집단 내부 구성원을 향해서만 나타나며, 외부인에 대해서는 적대성으로 나타나는 것이 일반적이다. 따라서 이러한 연구는 우리 시대에 일어나는 갈등의 원인에 대해 보다 근본적으로 탐구할 수 있는 길을 열었다고 볼 수 있다.

최 교수는 진화생물학에서 오랫동안 다루어 왔던 이 주제를 경제학적 이론(게임이론)을 기반으로 분석했다. 그리고 경제학자로서는 흔치 않게 컴퓨터 시뮬레이션을 분석 도구로 이용했다. 더 나아가 이 연구는 인류의 역사에 대한 고고학적 연구 결과들을 적극적으로 통합시키려는 시도를 하고 있다는 점에서 최근 중요시되고 있는 학제간 융합연구의 훌륭한 본보기가 되고 있다.

그럼 이제 최 교수의 연구를 자세히 들여다보자. 먼저 이타성에 대해 알아보자.

풀지 못한 미스터리, 이타성의 속성과 진화 과정을 규명하다

이타성을 한마디로 정의하면, 타인에게 이득을 주지만 정작 자신에게는 희생과 비용이 드는 행동을 하려는 속성을 말한다. 이타적 속성은 우리 주위에서 흔히 볼 수 있다.

예를 들어 헌혈을 하는 것도 이타적 행동이다. 헌혈은 타인을 위한 일이지만 정작 자신에게는 아무런 이익이 없는 행위이다. 부모가 자식을 위해 헌신하는 것도 이타성이 발현된 것이다. 부모는 비용을 들이고 자신을 희생해 가며 자식을 키우지만 어떤 이익을 바라고 헌신하지는 않는다. 불우이웃을 돕기 위해 성금을 내거나 자원봉사를 하는 것도 그렇다. 경제적인 이익을 바라고 하는 행위가 아닌 것이다.

이타성은 사람에게서만 나타나는 속성이 아니다. 동물과 식물도 이타성을 지니고 있다.

디즈니 만화영화 〈라이온 킹〉에는 '티몬'이라는 귀여운 동물이 등장한다. 티몬은 '사막의 파수꾼'으로 불리는 미어캣(meerkat)인데, 주로 남아프리카 칼라하리 사막 등 건조한 지역에서 서식한다. 20여 마리가 무리를 지어 땅속 동굴에서 집단으로 사는 미어캣은 새끼를 돌보는 보모, 파수꾼 등 역할 분담이 분명한 것이 특징이다.

그런데 이 미어캣은 영역을 중요하게 여겨서 다른 미어캣이 침범을 하면 목숨을 걸고 자기 영역을 지킨다. 미어캣은 포식자들의 한입거리에 불과할 정도로 작기 때문에 다른 미어캣이 먹이를 찾아다니거나 낮잠을 자

디즈니 만화영화 〈라이온 킹〉에 등장하는 미어캣. '사막의 파수꾼'으로 불리는 미어캣은 동물의 이타적 속성을 잘 보여준다.

는 동안에는 항상 한 마리가 보초를 선다. 그리고 천적이나 포식자가 나타나면 포식자의 종류에 따라 경고 소리를 다르게 내어 무리를 보호한다.

이는 사막이라는 혹독한 환경에서 살아남기 위한 그들만의 생존 방식인데, 경고 소리를 보낸 미어캣은 무리가 위험에 대처할 수 있는 시간을 주지만 정작 자신은 천적에게 노출되고 만다. 즉 자신을 희생하는 것이다. 만약 경계를 서고 있던 미어캣이 이기적이었다면 무리에게 경고 소리를 보내지 않고 자신 먼저 몸을 피했을 것이다.

이런 경우는 비일비재하다. 집단생활을 하는 꿀벌의 삶은 희생 그 자체다. 암컷인 일벌들은 자신의 유전자를 후대에 전달할 수 없는데도 불구하고 평생 여왕벌이 낳은 알을 돌본다. 그리고 외부의 침입이 있으면 침을 쏴서 적을 물리치는데 침을 쏘는 순간 침과 함께 내장이 모두 쏟아져 나와 죽고 만다.

또 가시고기는 암컷이 산란을 하면 수컷이 둥지를 지키며 부화할 때까지 알을 보호한다. 가시고기가 부화하기까지는 산란 후 약 8일 정도가 소요되는데, 수컷은 새끼가 산란 후 부화하여 스스로 먹이활동을 할 때까지 10여 일 이상 식음을 전폐하며 둥지와 알을 보호하고 새끼의 부화를 도와준다.

가시고기 수컷은 굶주림 속에서 둥지와 알이 물살에 쓸려가지 않도록 수시로 자신의 콩팥에서 만들어진 점액을 뿌려 고정시키고, 알을 삼키려는 외부의 침입자와 생명을 건 투쟁을 한다. 그리고 알이 부화할 때까지 신선한 공기(산소)를 공급해주기 위해 24시간 쉼 없이 지느러미로 날갯짓을 하며 지킨다. 그러는 동안 수컷은 몸 전체가 붉은색으로 변하면서 서서히 죽음을 맞는다. 그리고 부화한 새끼는 생명을 걸고 알을 보호하다

죽어간 수컷의 시신을 뜯어 먹고 자란다.

이뿐만이 아니다. 중남미 일대에 서식하는 흡혈박쥐는 포유류의 피를 빨아먹고 사는데, 간혹 사냥에 실패해 굶어죽을 지경인 박쥐들이 나오면 피를 많이 먹은 동료 박쥐들이 위 속의 피를 토해내 굶주린 박쥐를 먹인다. 침팬지 사회에서는 서로 털을 다듬어 주거나 먹이를 공유하고, 권력 다툼 때는 동맹을 맺어 돕는 등 이타적 협조 행위를 한다. 이처럼 동물들도 자신을 희생해 가며 이타적 행동을 한다.

이러한 이타성은 몇 가지로 구분할 수 있다. 그 하나는 혈연 중심의 이타성이다. 이 이론은 생물학자인 윌리엄 해밀턴(William D. Hamilton)이 1964년 제기한 이론으로, 이타적 행동의 진화를 '혈연 선택'으로 설명한 것이다. 즉 혈연을 돕는 것이 내 유전자의 번성을 돕는다는 관점으로 이타적 행위를 설명한 것인데, 이는 "피는 물보다 진하다"는 우리 속담과 같은 맥락이다.

또 하나는 상호적인 이타성이다. 이는 내가 상대에게 잘해주어야 나중에 상대로부터 내가 어려울 때 도움을 받을 수 있다는 식의 상호성에 기반한 이타성이다.

그리고 여기에 덧붙일 수 있는 또 다른 하나가 적대성에 기반한 이타성이다. 지난 2001년 9월 11일 알 카에다 테러리스트들에 의해 납치된 여객기가 뉴욕 세계무역센터와 워싱턴 국방부 청사에 충돌하며 무려 2,974명의 사망자를 낸 비극적인 9·11사건은 적대성에 기반한 이타성을 극명하게 보여주는 사례이다. 또 제2차 세계대전 당시 자국의 승리를 위해 미군 군함을 공격한 일본의 가미카제 자살특공대 역시 적대성에 기반한 이타성을 그대로 드러낸 사례이다. 내가 죽음으로써 자기 집단에 이익을 주는 적대적 이타성은 혈연 중심, 상호성 중심과는 또 다른 이타성이다.

그렇다면 왜 이런 현상이 일어날까?

진화의 관점에서 보면 시간이 지남에 따라 보다 더 환경에 적합한 개체가 살아남아야 한다. 예를 들어 목 긴 기린과 목 짧은 기린이 있다. 그런데 목 긴 기린은 목이 길어 먹이를 쉽게 얻는 반면, 목 짧은 기린은 상대적으로 목이 짧아 그만큼 먹이를 얻지 못한다. 그래서 목 짧은 기린에 비해 훨씬 우월한 목 긴 기린이 더 많은 자손을 낳아 목 짧은 기린은 점차 사라지고 목 긴 기린은 더욱 많아진다. 간단히 말해서 목 긴 기린이 목 짧은 기린에 비해 더 많은 자손을 낳기 때문에 시간이 지나면 지날수록 환경에 적합한 개체가 점점 더 많아진다는 얘기다.

이와 같은 예를 이타성에 적용해 보자. 한 집단에 이타적인 속성이 있는 사람들과 이타적인 속성이 없는 사람들이 함께 산다고 가정하자.

이타적 사람들은 자신을 희생하여 상대에게 이득을 주지만 정작 자기 자신은 그에 따른 보수도 없이 피해를 본다. 반대로 이타성이 없는 사람들은 자기희생 없이 상대로부터 계속 받기만 한다. 이렇게 시간이 지나면 지날수록 이타적인 사람들은 이타적이지 않은 사람들에 비해 물질적인 보수면에서 훨씬 더 손해를 보게 된다. 그리고 이는 결국 이타적이지 않은 사람들의 번창으로 이어진다. 즉 이타적인 사람들은 점점 더 줄어들 운명에 처하게 된다.

여기서 의문이 하나 생긴다. 그렇다면 이타적인 속성이 사라져야 할 텐데 왜 사라지지 않고 존재하고 있는가 하는 것이다.

진화생물학에서 오랫동안 던진 질문은 바로 이것이었다. 그리고 이는 그동안 수많은 학자들이 논의해 온 주요한 논점(論點)이었다. 찰스 다윈 역시 이러한 질문을 《인간의 유래》를 쓸 때부터 던졌고, 윌리엄 해밀턴 등 다른 많은 학자들도 여러 가설들을 보이며 이타성의 진화 과정을 밝히려 해왔다. 최 교수 역시 여기서부터 질문을 시작했다.

그런데 최 교수는 한 가지 흥미로운 사실을 발견했다. 이타적인 속성은 때때로 같은 무리에 속하는 사람들을 향해서만 발휘되며, 다른 무리에 속하는 사람들에 대해서는 적대적인 형태를 띠곤 한다는 것이다.

다시 말하자면 나를 희생하여 이타성을 발휘하는데 그 대상이 아주 무분별한 경우도 있지만, 그 대상이 자기 집단 사람들에게만 향하는 경우도 있다는 것이다. 그리고 그것이 너무 지나치면 자기 집단이 아닌 외부 사람에게는 오히려 적대적인 태도로 나타난다.

이 경우 테러리스트의 예가 전형적인 이타적 속성의 정의에 들어맞는다. 자기를 희생하여 자기 집단을 위하지만 반대로 상대에게는 매우 적대적으로 나타나기 때문이다.

그래서 최 교수는 이런 경로가 이타심이 진화하는 경로 중 하나가 될 수 있다고 생각했다. 타인에 대한 적대가 이타성의 진화 과정에서 어떤 역할을 했을지도 모른다고 판단한 것이다.

생각이 여기에 이른 최 교수는 곧 실험에 들어갔다. 그런데 재미있는 것은 이 실험에 자신의 전공인 게임이론을 적용하면서 그 도구로 컴퓨터 시뮬레이션을 활용했다는 것이다.

게임이론은 상대편이 어떻게 대처할지를 고려하면서 자신의 이익을 달성하기 위한 수단을 합리적으로 선택하는 과정을 수학적으로 분석하는 이론이다. 두 명의 죄수가 따로따로 조사를 받을 경우 중벌을 면하기 위해 결국 둘 다 자백하는 결과를 초래한다는 '죄수의 딜레마*'는 게임이론에서 다루는 대표적인 게임이다.

게임이론은 사람들의 상호작용을 모델링하는 하나의 수학적인 툴(tool)인데, 이제는 모든 분야의 학문에 널리 쓰이고 있는 재미있는 이론이다. 특히 경제학자들에게는 매우 중요한 툴이다.

그러나 컴퓨터 시뮬레이션은 경제학자들이 여간해서는 잘 쓰지 않는 방법이다. 그런데 최 교수는 이번 연구를 위해 '행위자 기반 시뮬레이션' 기법을 이용하여 컴퓨터 시뮬레이션 프로그램을 자체 개발했다.

최 교수는 먼저 11,000년 전 신석기 시대에 살았을 법한 인간 집단의 규모와 관계를 구현한 인간 사회 모형 프로그램(가상 시뮬레이션)을 만들었다. 이 프로그램에는 '죄수의 딜레마'와 같은 게임이론들과 집단들의 전쟁과 평화, 물물교류 같은 갖가지 관계들을 세세하게 구현해 놓았다. 즉 각각 26명으로 구성된 가상의 부족 20개가 있었다고 상정하고, 이 부족들이 5만 세대 동안 서로 교류하면서 어떤 행동 속성을 진화시켜 왔는지 분석한 것이다.

그런데 이 실험에서 매우 흥미로운 결과가 나왔다. 그것은 순수 이타적 인간은 진화 과정에서 살아남지 못했지만 외부 적대성과 결합한 형태로는 진화해 왔을 가능성이 크더라는 것이다.

그것은 이타적인 속성과 적대적인 속성, 이 두 속성이 결합된 '자기집단중심적 이타성(parochial altruism)*'을 가진 사람들이 다른 집단에 비해 가장 많은 자손을 퍼뜨리는 결과로 나왔다. 그래서 자기집단중심적 이타성은 빈번하게 집단간 적대적 경쟁을 불러오지만, 그 경쟁에서 승리할 수 있는 요인도 되기 때문에 지금까지 남게 되었다는 것이다.

자기집단중심적 이타성은 오늘날에도 민족 · 종교적 갈등, 국가간 전쟁에서 쉽게 발견할 수 있다. 이런 점에서 최 교수의 발견은 어쩌면 이타성이 지닌 암울한 측면을 확인한 셈인지도 모른다. 이타심이 집단 갈등을 겪으면서 진화해 왔음을 밝혔으니 말이다.

그리고 적대성과 이타성이 결합함으로써 생존경쟁에서 살아남을 확률이 높아진다는 것은 그만큼 절대적 의미의 이타성은 인간의 진화 과정에서 순수하게 보존돼 오지 않았을 수 있다는 것을 보여준다.

경제학과 생물학을 넘나들며 진화생물학 한 우물을 파다

이타성이 인류 역사에서 진화해 올 수 있는 이유를 규명한 최 교수의 연구는 인간 본성에 대한 연구라는 점에서 의의가 있다. 그리고 우리나라 최초로 경제학자가 《사이언스》에 논문을 발표한 것은 각별한 의미를 지닌다. 물론 《사이언스》에 이 분야의 섹션이 없는 것은 아니다. 그러나 최 교수처럼 논문이 실리는 것은 매우 드문 일이다.

얼마 전 《네이처》는 '타인에 대한 적대성은 인간의 본성인가?'라는 특집을 실었는데, 여기에 최 교수의 연구 결과가 소개되기도 했다. 세계가 그만큼 최 교수의 연구 성과를 주목하고 있다는 뜻이다.

최근 사회과학과 진화생물학 등의 분야에서 떠오르고 있는 화두 중 하나는 '인간의 본성'이다. 사람들은 집단 내부 사람한테는 잘하는데 집단 외부 사람에게는 상대적으로 적대적인 경향을 보이곤 한다. 외부의 사람이 나에게 피해를 주었기 때문이 아니라 그냥 다른 집단이기 때문에 무작정 싫어하는 것이다. 이를 다른 각도에서 보면, 어떤 집단에 속해 있느냐에 따라 상호작용과 협력체계는 달라진다.

이러한 인간의 속성들을 탐구하기 위해 많은 학자들은 지금도 끊임없이 연구를 수행하고 있다. 최 교수의 연구는 바로 이런 연구에 좋은 모델이 될 것이다.

이타성의 진화 과정을 규명한 이번 연구는 2005년 2월 최 교수가 경북대 교수로 오기 전 학제간 연구의 산실로 주목받고 있는 산타페연구소에서 1년 6개월 동안 박사후연구원으로 지내면서 시작했다.

당시 그는 경제학 연구와 결합하여 틈틈이 생물학 공부를 하기 시작했는데, 이는 논문을 쓰는 데 밑거름이 되었다. 전공인 게임이론과 생물학을 연계시켜 진화생물학을 꾸준히 연구한 것이 이번의 성과로 나타난 것이다. 이보다 앞서 최 교수는 지난 2003년 매사추세츠대학교 박사 학위 논문도 이타심의 진화에 대해 썼다. 이전부터 이 분야의 연구에 깊은 관심을 가지고 있었던 것이다.

최 교수가 이번 연구를 한 데에는 또 다른 동기가 있다. 그 동기는 그가 집필한 한 권의 책에 얽힌 일화와 관련되어 있다.

2004년 12월, 최 교수는 산타페연구소에서 연구를 진행하면서 《이타적 인간의 출현》이란 책을 썼다. 게임이론으로 풀어낸 이타적 인간에 대한 내용을 담고 있는 이 책은 경제학, 진화생물학, 인류학, 사회심리학 등 과학과 인문학을 종횡으로 넘나들며 이타적 인간의 출현과 생존에 얽힌 수수께끼를 풀어낸 책이다.

그런데 이 책을 읽은 어느 경제학자가 최 교수의 책을 인용하면서 《이타적 인간의 출현》에 나오는 이타적 인간들은 마치 테러리스트들과 닮았다고 신문 칼럼을 통해 말했다.

이는 최 교수의 의식의 세계를 확장시켜준 계기가 되었다. 그 전까지 그는 이타성을 선악과 도덕 등의 문제로 생각을 하였는데 그 칼럼을 계기로 이타성의 문제는 선악 혹은 도덕의 문제와는 별개의 문제일 수 있다는 생각을 한 것이다.

그리고 도덕적으로 볼 때는 암울해 보일 수도 있는 현상을 좀더 본격적으로 다뤄보기로 결심하였다. 이후 그는 더욱 심화되고 확장된 연구를 수행할 수 있었다. 그리고 그 결과는 이타성의 진화 과정을 규명한 이번 논문으로 나타났다.

최 교수는 앞으로 인간 본성에 관한 연구를 지속적으로 수행할 계획이다. 그가 계획하고 있는 인간의 본성 탐구는 매우 재미있다. 그는 먼저 집단 간의 갈등 문제를 풀어낼 생각이다. 그래서 그는 인간의 이기적인 동기, 상호적인 동기, 공정성에 대한 동기 등이 왜 존재하는지 연구할 계획이다.

또 상대방이 나보다 나을 때 배 아파하는 동기, 내가 상대보다 나을 때 우월하다고 느끼는 동기 등 우리 인간 사회에서 흔하게 볼 수 있는 현상들을 연구할 생각이다. 이런 동기들이 왜 존재하고, 이런 사람들이 상호작용을 할 때 실제적으로 어떤 결과가 나오는지 그의 전공인 게임이론을 통해 실험을 하여 인간의 본성을 연구한다는 것이다.

집단 간의 갈등 문제는 심각한 사회현상이자 반드시 풀어야 할 이 시대의 과제다. 그런 면에서 최 교수의 연구는 사회적으로 매우 중요하다. 인간 본성에 대한 그의 연구가 어쩌면 우리 사회의 갈등 구조를 해결해 줄 수 있을지도 모르니 말이다. 그리고 꼭 해결은 아니더라도 그의 연구는 집단 갈등으로 몸살을 앓고 있는 우리 사회에, 우리 인류에 적지 않은 공헌을 할 것이 분명하다.

그런데 이런 그에게 애로 사항이 하나 있다. 그것은 우리나라가 아직까지는 융합연구가 활발하지 않다는 것이다.

최 교수가 연구 성과를 냈던 것은 다양한 학문 분야의 학자들이 모여서 연구를 수행하는 산타페연구소에서 박사후연구원으로 공부했던 것이 크게 작용했다. 한마디로 네트워크가 넓고 다양했다는 것이다.

최 교수는 산타페연구소에서 박사후연구원으로 활동하면서 다양한 분야를 접하며 연구를 수행했다. 자신의 전공인 진화적 게임이론을 바탕으로 경제학, 정치학, 진화생물학, 인류학 등 다양한 분야에서 이타적 행위의 진화, 집단 간의 경쟁의 역할, 인간 사회의 불평등 구조의 진화 등 분야를 두루 포괄하는 연구를 수행했던 것이다. 그리고 지도교수와 함께 진화생물에 대한 연구 논문을 세계적 생물저널에 싣기도 하는 성과를 내기도 했다.

그러나 우리나라는 아직 이런 네트워크가 구축되어 있지 않다. 모든 영역이 분야별로 나누어져 있고 소통이 많지 않아 학제 간 연구나 융합연구를 수행하는 데 한계가 있는 것이다. 한마디로 융합연구를 수행할 시스템이 불충분한 것이다.

이 점을 최 교수는 가장 아쉬워한다. 경제학자들은 사람들의 상호작용을 고민하고, 영장류 학자들은 원숭이들의 상호작용을 고민하고, 또 다른 학자는 물고기들의 상호작용을 고민하는 등 저마다 다른 분야지만 학자들은 같은 주제에 대해 고민하고 연구를 하는데 의견을 교환하고 소통하는 시스템이 없기 때문에 융합연구가 활발하지 않은 것이다.

경제학자가 《사이언스》에 논문을 실었다는 것이 화제가 되는 것은 그만큼 우리 학계가 학문 간 장벽을 트지 못하고 있다는 것을 보여주는 예라고도 할 수 있겠다. 그래서 최 교수는 이번을 계기로 학문 간 교류가 활발해져서 분야를 넘나드는 학제 간 연구와 소통의 출발점이 되었으면 하는 바람을 가지고 있다. 경제학자나 정치학자들이 생물학을 함께 연구하고, 경영학자들이 심리학을 함께 연구하는 등 융합연구가 활발해지면 더 큰 성과는 물론 '과학한국'의 위상도 그만큼 커지기 때문이다.

냉철한 머리와 뜨거운 가슴을 가져라

고등학교 때부터 경제학자를 꿈꾸었다는 최 교수는 그토록 동경하던 경제학과에 진학했지만 막상 공부를 하면서는 경제학(經濟學)이 뭔지 제대로 몰랐다고 한다. 그도 그럴 것이 경제학이란 학문이 어디 그렇게 만만한 학문이던가. 경제학은 인간의 생활 가운데 부(富) 또는 재화 및 용역의 생산 · 분배 · 소비 활동을 다루는 사회과학의 한 분야다. 그저 말처럼 단순한 '경제'가 아닌 것이다.

그러나 그는 공부를 하면서 점차 경제학이란 학문에 매료되어 자연스럽게 푹 빠져들었다. 그리고 지금은 진화론과 경제이론을 접목하고 있는 진화경제학을 연구하며 경제학자로서 큰 자부심을 가지고 있다. 그는 경제학의 방법론 자체가 사회과학 범주에서는 가장 과학적이라고 생각한다. 질문을 던지는 방식이나 그것을 풀어가는 것이 재미있고 대단히 과학적이라는 것이다. 바로 이것이 경제학에 빠져들 수밖에 없는 매력이라고 그는 말한다.

그는 경제학자가 갖추어야 할 덕목으로 끊임없는 질문과 신중한 자세, 연구에 대한 엄밀성을 꼽는다. 사회과학자로서의 경제학자는 현실에 대해 늘 물음표를 던지고, 자신이 내린 결론에 대해 그 무엇보다 신중해야 한다는 것이다.

그러기 위해서는 연구에 임할 때 조그만 빈틈이나 사소한 잘못이라도 용납하지 않는 엄격함과 세밀함을 스스로에게 가져야 한다고 그는 말한다. 왜냐하면 한 사람의 경제학자가 잘못된 결론을 내면 수많은 사람들이 고통을 받기 때문이다. 그래서 경제학자는 스스로 엄격하고 세밀한 자세를 지녀야 한다.

이는 최 교수가 자기 자신에게 요구하는 덕목이자 후학들에게 주문하는 메시지이기도 하다. 경제학자가 내리는 결론 하나하나는 때에 따라서는 엄청나게 큰 사회적 파급력을 갖고 있기 때문이다. 그래서 경제학자는 자신의 이론을 사회와 현실에 접목시킬 때 발생하는 간극(間隙)을 어떻게 메울 것인가 늘 고민해야 한다.

그런 면에서 그는 경제학의 창시자라 일컫는 영국의 경제학자 알프레드 마샬(Alfred Marshall)의 "냉철한 머리와 뜨거운 가슴을 가져라"는 말을 신념으로 가슴에 새겨야 한다고 말한다. 분석을 할 때는 냉철하고 이성적으로 하되, 이를 사회에 적용할 때는 뜨거운 가슴이 필요하다는 것이다.

또 하나 그는 경제학을 전공하고자 하는 학생들에게 상상력을 가지라고 주문한다. 그러려면 사회적 간접 경험이 필수라고 그는 강조한다.

86학번인 최 교수는 이념의 시대라 할 수 있는 1980년대를 거쳐 민주화가 정착하는 1990년대를 지나오며 공부를 했다. 국민의 민주화 열망과 사회 정의를 갈망하는 격동의 시기를 지나온 것이다. 그러면서 그는 사회과학자로서 거쳐야 하는 많은 것들을 보고 느끼고 경험했다. 그 시기에 그가 겪은 경험과 고민은 온전히 그의 자산이 되었다. 즉 평생을 고민하고 탐구해도 모자랄 만큼 세상에 던질 물음표가 많은 것이다.

그러나 지금 대학을 막 다니거나 졸업한 이들에게는 이러한 자산이 없다. 이는 그만큼 물음표가 적다는 것을 의미한다. 그러므로 부단히 생각하고 고민하기 위해서는 사회적 간접 경험을 더 많이 해야 한다.

비록 지나간 과거이지만 그것을 단지 과거라고 생각하지 말고 열린 자세로 간접적인 경험을 통해 스스로 자산을 쌓아야 한다는 것이다. 그래야만 질문을 던질 수 있는 재미있는 주제들이 나올 수 있다. 그리고 거기에 인류 역사를 아우르는 진보적인 상상력이 더해진다면, 또 과거에는 생각지 못했던 현재의 고민이 더해진다면, 그리하여 과거의 고민과 현재의 고민이 조화를 이룬다면 간극 없는 뚜렷한 목소리를 세상에 낼 수 있을 것이다.

노력한 만큼 좋은 결과가 나올 때 가장 기쁘다는 최정규 교수. 그는 만약 경제학자가 안 되었다면 심리학이나 고고인류학을 연구하는 학자가 되었을 것이라 말한다. 아니면 아마도 굶어 죽었을 것이라며 소박하게 웃는다. 아들에게 항상 남을 배려하고 자신감 있는 사람이 되라고 들려준다는 그. 그것은 곧 자신에게 하는 말이라는 그의 미소가 선하다.

그러나 그 선한 미소에 걸려 있는 눈빛은 예리하면서도 진지하다. 그 눈빛에는 사회과학자로서의 경제학자의 자세가 담겨 있다. 정갈한 느낌으로 다가오는 그 자세는 그로 하여금 경제학과 생물학을 넘나들며 끊임없이 질문하고 생각하고 고민하게 할 것이다.

이타성(利他性, altruism) 타인에게는 이득을 주고 행위자 자신에게는 희생을 요하는 행동을 하려는 속성을 말한다. 평생을 타인을 위해 살다 간 마더 테레사, 일본 지하철 역에서 선로에 떨어진 사람을 구하기 위해 자신의 목숨을 던진 이수현 씨 등은 이타성의 사례로 간주될 수 있다. 또한 헌혈, 자원봉사 등도 우리 주변에서 흔히 볼 수 있는 이타성의 사례이다.

게임이론(game theory) 게임이론이란 행위자들 간의 전략적 상호작용을 다루는 이론적 도구이다. 행위자가 합리적이고 이기적일 때 과연 어떤 행동을 취하려고 할 것인가라는 질문을 던지고, 그에 입각하여 게임적 상황에서의 결과를 예측하는 이론이다. 예를 들어 야구에서 투수가 직구를 던졌을 때, 그 직구가 투수에게 좋은 결과를 가져다 줄 것인가의 여부는 타자가 직구를 기다리고 있었는지, 변화구를 기다리고 있었는지에 따라 달라질 것이다. 축구의 페널티킥 상황에서 골키퍼와 키커 사이에서도 이와 유사한 상황이 나타난다.

죄수의 딜레마 게임이론 설명에서 자주 사용되는 말이다. 두 공범자가 서로 협력하여 범죄사실을 숨기면 증거불충분으로 형량이 낮아지는 최선의 결과를 누릴 수 있음에도 불구하고, 상대방이 범죄사실을 부인하고 있을 때 범죄사실을 시인하면 형량을 감해준다는 수사관의 유혹에 빠져 두 사람 모두 범죄사실을 고백함으로써 최악의 결과를 초래하게 되는 현상을 가리킨다.

자기집단중심적 이타성(parochial altruism) 자신과 같은 집단에 속하는 사람들에게는 이타적으로 행동하지만, 다른 집단에 속하는 사람들에게는 적대적인 행동을 하려는 속성을 말한다.

04
플라스틱으로
지구온난화를 해결한다

이영무(李永茂) 한양대학교 에너지공학과 석학교수,
한양대학교 총장

1973~1977	한양대학교 고분자공학 학사
1977~1979	한양대학교 고분자공학 석사
1982~1986	노스캐롤라이나주립대학교 박사
1988~현재	한양대학교 에너지공학과 석학교수, 한양대학교 총장
2004~현재	국제학술지 《멤브레인 사이언스 저널(Journal of Membrane Science)》 에디터

플라스틱으로
지구온난화를 해결한다

2008년 새해 벽두, 혹한으로 유명한 미국 시카고의 기온이 100년 만에 최고치인 영상 16도를 기록했다. 건조 기후에 가까운 네바다와 캘리포니아 일대에는 때아닌 폭우와 폭설이 내려 비상사태가 선포됐다.

이처럼 한겨울에 기온이 영상으로 급상승하고, 비상사태가 선포될 정도로 폭설이 몰아치는 등 지구촌 곳곳은 지금 예측 불허의 기상 이변으로 몸살을 앓고 있다. 그리고 이러한 기상 이변은 모두 지구온난화에 따른 것이다.

지구촌 최대의 고민거리인 온난화 문제는 이미 현실적인 위협으로 다가오고 있다. 지난 2007년 미국 각지의 최고기온 기록은 무려 263회에 걸쳐 깨졌다. 러시아와 영국을 비롯한 북반구의 지상 평균기온 또한 기상 관측 이래 최고치를 기록했다.

온난화는 기상 이변뿐만 아니라 기상재해를 동반한다. 국제적십자는 태풍과 허리케인 같은 지구온난화에 따른 재해가 10년 전보다 40%나 증가했다고 발표한 바 있다.

중국의 경우 초원이 사막화되면서 황사 피해가 급격히 늘고 있으며, 아프리카에서는 물 부족으로 극심한 식량 부족에 시달리고 있다. 또한 해수면 상승으로 인도네시아의 섬 수십 개가 잇따라 물에 잠겼는가 하면, 북극 빙하의 표면적도 지난 2년 사이에 무려 4분의 1이나 줄어들었다. 사시사철 두꺼운 얼음으로 덮여 있는 북극의 만년빙이 사라질 위기에 놓인 것이다.

전문가들은 지구온난화로 인한 대재앙이 채 10년도 안 되어 닥칠 것이라 경고하고 있다. 그래서 세계는 기후변화에 대처하는 싸움을 벌이고 있다. 그리고 그 싸움은 미래가 아닌 지금 벌어지고 있다.

이처럼 지구를 파멸로 몰아가고 있는 온난화의 주범은 이산화탄소 온실가스다. 그렇다면 이 온실가스를 효과적으로 감축할 수 있는 방법은 없을까? 그 해답은 플라스틱에 있다.

사람들은 흔히 플라스틱 하면 제일 먼저 플라스틱 바가지를 떠올린다. 그리고 세숫대야, 양동이 등 일상생활에서 흔히 볼 수 있는 플라스틱 제품들을 생각한다. 플라스틱은 우리 생활에 없어서는 안 될 생필품이다. 그런데 이 플라스틱이 지구온난화의 주범인 이산화탄소를 잡는다니, 신기하고 놀랍기만 하다.

살아 있는 물질 플라스틱

"플라스틱은 살아 있는 물질이다." 한양대학교 에너지공학과 이영무 석학교수는 플라스틱을 이렇게 정의한다. 플라스틱은 결코 죽은 물질이 아니라 살아 숨쉬는 물질이라는 것이다. 그렇다. 이영무 교수의 말대로 플라스틱은 살아 있는 물질이다. 이 살아 있는 플라스틱은 또한 무궁무진한 소재다. 플라스틱은 이미 산업 전반에 걸쳐 그 쓰임과 활용이 매우 다양하다.

우리가 보통 플라스틱이라 부르는 물질은 '고분자(高分子, polymer)'를 가리킨다. 물질의 특성을 나타내는 최소단위인 분자(分子)가 1만 이상인 분자를 고분자라 하는데, 거의 무한 개수의 원자가 화학적으로 결합해 있는 분자를 말한다. 분자량이 아주 크고 긴 사슬분자로 되어 있는 고분자는 수십만이 되는 것도 있는데, 그래서 '거대분자(macromolecule)'라고도 한다.

'플라스틱(plastics)'이라는 단어가 등장한 것은 독일의 노벨상 수상자 헤르만 슈타우딩거 박사가 고분자를 만드는 이론을 처음 발표한 1920년 무렵부터이다. 이 어원은 희랍어인 '프라스티코스'에서 유래되었는데, 이는 '형성한다', '성장한다', '발달한다'라는 의미의 접미어이다. 그리고 영어의 'plastic'은 '성형력이 있다', '반죽해서 물건을 만들 수 있다'는 의미의 형용사이다. 이 어미에 's'가 붙어 'plastics'라는 명사, 즉 '가소성을 갖는 것'이라는 뜻을 가진다.

가소성(可塑性, plasticity)은 잠시 변형되거나 탄성을 일으키는 힘보다는 크고, 파손되거나 깨뜨리는 힘보다는 작은 중간 정도의 힘을 고체에 가했을 때 그 형태가 영구히 변해버리는 성질로, 여기서 '가소성'의 '소'란 '흙을 반죽하여 형상을 만드는 것'이라는 뜻이다. 그러므로 가소성이란 '흙처럼 형태가 있는 것을 만드는 성질'을 말하고, 그와 같은 성질을 가진 물질로써 인공적으로 만들어진 고분자 화합물을 플라스틱이라고 부른다.

플라스틱은 우리 생활에 없어서는 안 될 많은 제품을 탄생시켰다. 또한 산업적으로도 기존의 많은 제품의 재질을 대체할 수 있는 대체물질로 폭넓게 쓰이고 있다.

그중에서도 금속을 대체하는 엔지니어링 플라스틱(engineering plastics)*은 1956년 개발된 이래 불과 60여 년밖에 지나지 않았지만 자동차 부품과 기계 부품, 전기·전자 부품과 같은 공업적 용도에 사용되며 산업계에서는 필수적인 것으로 자리매김하고 있다.

또 사실 우리 몸도 알고 보면 플라스틱이라 할 수 있다. 우리 몸을 이루고 있는 아미노산과 단백질이 고분자이므로 우리 몸은 플라스틱 소재로 이루어져 있는 것이다. 그러므로 플라스틱은 죽은 물질이 아니라 살아 숨쉬고 있는 물질인 것이다.

그렇다면 이 플라스틱이 지구온난화를 어떻게 막을 수 있다는 것일까? 그 해답은 2007년 10월 12일자 《사이언스》에 발표된 논문 〈Polymers with Cavities Tuned for Fast Selective Transport of Small Molecules and Ions〉에 담겨 있다.

미국의 텍사스대학교 박사후연구원인 박호범(제1저자, 현 한양대학교

2007년 10월 12일자 《사이언스》에 게재된 논문

교수) 박사와 이영무(교신저자) 교수가 참여한 이 논문은 기존의 분리막(membrane)* 소재에 비해 이산화탄소 분리 성능이 500배나 향상된 고분자 분리막을 개발했다는 내용을 담고 있다.

좀더 쉽게 말하자면 이산화탄소를 효율적으로 분리해 낼 수 있는 플라

스틱 소재를 개발했다는 내용이다.

이 연구는 지구온난화의 주범인 이산화탄소 온실가스를 획기적으로 감축시킬 것으로 평가된다. 또한 기존의 이산화탄소 회수 기술의 한계를 뛰어넘는 차세대 원천기술을 확보할 수 있는 발판을 만든 쾌거다.

이산화탄소 잡는 플라스틱 분리막을 세계 최초로 개발하다

이영무 교수팀의 연구 성과를 한마디로 설명하면 '이산화탄소(CO_2) 잡는 플라스틱'을 세계 최초로 개발했다는 것이다. 그리고 그 플라스틱은 고분자 분리막이다. 여기서 잠깐 분리막에 대해 알아보자.

기체를 분리하는 방법에는 막법*, 증발법, 흡착법, 흡수법, 응축법 등 6~7가지가 있다. 그중 막법에 활용되는 분리막은 분리하고자 하는 대상 기체 또는 액체를 선택적으로 분리하는 성질을 갖는 필름 형태의 '막(膜)'을 통칭한다.

분리막은 분리, 차단, 고분자 전해질, 반도체, 약물 전달, 인공 피부 등과 같은 다양한 기능을 가지고 있다. 그래서 최근에는 다양한 분야의 분리 공정에서 분리막을 이용한 대상 물질의 분리가 응용되고 있으며, 신규 공정에 대한 응용도 지속적으로 개발되고 있다.

막을 이용한 기체 분리는 막에 대한 선택적인 가스 투과 원리에 의해 진행된다. 기체 혼합물이 막 표면에 접촉했을 때 막 속으로 기체 성분이 용해 확산되는데, 이때 각각의 기체 성분 용해도와 투과도 등은 막 물질에 대하여 서로 다르게 나타난다.

예를 들면 헬륨, 수증기 등은 쉽게 투과하는 기체 성분들인 반면 메탄,

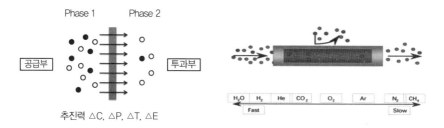

Phase 1   Phase 2

공급부   투과부

추진력 △C, △P, △T, △E

H₂O H₂ He CO₂ O₂ Ar N₂ CH₄

Fast   Slow

분리막을 이용한 혼합물의 분리 개념도

질소 등은 매우 느리게 투과한다. 이는 공기 중의 산소와 질소, 이산화탄소, 메탄 등을 분리하는 원리가 된다.

쉬운 예로 이제는 생필품으로 자리 잡은 정수기를 보자. 정수기에는 물을 걸러내는 필터가 장착되어 있다. 그리고 필터 안에는 구멍이 나 있는 아주 가는 실 같은 파이프가 있다. 이 실 같은 파이프가 있는 필터가 원수(수돗물)에 있는 불순물이나 세균들을 걸러내는 역할을 한다. 아주 미세한 구멍으로 물이 통과할 때 불순물을 걸러내는 것이다.

이 교수팀이 개발한 분리막은 이런 원리와 같다. 어찌 보면 너무나 간단하고 쉬운 원리 같지만, 말처럼 그렇게 간단하지만은 않다.

막법이 처음 빛을 본 것은 지금으로부터 60여 년 전으로 거슬러 올라간다. 당시 미국 염수국(Office of Saline Water)은 우주 개발과 항공모함 등에 필요한 물을 공급하기 위해 연구를 수행하였는데, 이때 연구팀은 바닷물을 주목했다.

지표상의 3분의 1을 차지하고 있는 바닷물은 3.5%의 소금과 물로 구성되어 있다. 이 바닷물에서 소금을 걸러내면 어디서나 음용 가능한 물을 공급할 수 있는 것이다. 그래서 연구팀은 셀룰로오스 아세테이트*라는 플라스틱 소재를 이용해 바닷물에서 소금을 걸러내는 연구를 수행했고, 성

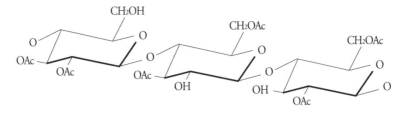

셀룰로오스 아세테이트의 구조

공을 거두었다.

이를 시작으로 세계는 산업 전반에 걸쳐 막법을 연구, 활용하기 시작했다. 우리나라에서도 석유화학 공장에서는 모두 막법을 사용한다. 바닷물을 끌어다가 막법으로 정제를 하여 식음용은 물론 샤워 등 모든 용수로 쓰고 있다.

또한 반도체 공장 등 물을 필요로 하는 모든 공장에서는 막법을 이용하여 물을 사용한다. 병원에서 볼 수 있는 산소호흡기나 산소마스크 등도 막법을 사용한다. 공기 중의 산소를 막법으로 분리하여 사용하는 것이다.

이처럼 막법은 실생활에서는 접하기 쉽지 않지만 이미 산업 전반적으로 광범위하게 상용화되어 있다. 그리고 현재는 실생활에서도 막법을 적용하여 상용화하기 위해 개발을 서두르고 있다.

세계시장을 선도하는 획기적인 성과

관련 학계의 비상한 관심을 모으고 있는 이 교수팀의 연구 성과는 먼저 무질서하고 강직한 사슬 구조의 플라스틱 내부 빈 공간을 재배열하여 특정한 기체분자나 이온을 빠른 속도로 전달시킬 수 있음을 세계 최초로 발견하고, 이에 대한 원인을 규명했다는 데 의의가 있다.

또한 이번에 개발한 분리막은 이산화탄소를 분리하는 데 사용되고 있는 기존의 플라스틱 소재(셀룰로오스 아세테이트)에 비해 무려 500배나 향상된 투과 성능을 보인다. 그리고 메탄에 대한 분리 효율도 4~5배 이상 높다. 이는 현재까지 개발된 플라스틱 소재의 분리 성능 한계를 획기적으로 뛰어넘는 것이다.

이 교수팀이 개발한 분리막은 화력발전소와 같은 온실가스 배출원으로부터 이산화탄소 기체만을 선택적으로 투과시키고, 질소 기체로부터 분리하여 대기 중 온실가스 농도를 낮출 수 있다. 또한 수소의 정제와 고순도의 질소 분리 등의 분리막 공정에도 응용 가능하다.

또한 이번에 개발된 새로운 플라스틱 소재는 분리막 공정의 설치에도 획기적으로 기여할 전망이다. 그것은 새로운 소재를 이용하였을 경우 기존 분리막 공정보다 500분의 1 정도 작은 크기로 분리막을 설치할 수 있기 때문이다.

이는 이산화탄소 회수 공정의 규모를 500분의 1로 줄이는 것은 물론 기존의 소재를 급속히 대체할 것으로 보인다. 아울러 플라스틱의 연결 구조를 바꿈으로써 원하는 형태의 자유체적을 쉽게 확보하여 분리 효율을 극대화할 수 있고, 투과 성능 또한 조절 가능하여 다양한 기체의 분리에 응용할 수 있다.

그러나 무엇보다 큰 의의는 이 연구 성과가 국가 경제에 막대한 파급효

신규 플라스틱 소재로 만들어진 중공사형 분리막 모듈

과를 가져온다는 것이다. 그것은 이산화탄소 투과 및 분리 효율이 우수한 소재의 원천기술을 확보함으로써 그동안 수입에 의존해 왔던 분리 소재를 대체할 수 있음은 물론, 국내 자체 생산이 가능하게 되면 세계적으로 독점 기술을 선점할 수 있기 때문이다.

또한 새로이 개발된 플라스틱 소재는 수소 분리, 흡착, 연료전지* 분야 등 다양한 응용 가능성을 가지고 있어 분리 기술뿐만 아니라 청정 에너지원의 생산과 차세대 국가 주도 에너지원인 연료전지 분야에도 응용 가능하다. 다시 말해서 새로운 소재의 우수한 성능을 바탕으로 경쟁력 있는 이산화탄소 회수 기술과 연료전지막 제조 기술을 국내 기술로 확보할 수 있다는 것이다.

특히 이번 연구는 논문의 주저자를 비롯하여 교신저자, 제2저자가 모두 국내 연구진으로 이루어져 있어 국내 자체 생산이 불가능하더라도 그 파급효과와 기술을 독점할 수 있다. 국제특허를 통한 원천기술 확보와 세계적으로도 금방 따라올 수 없는 획기적인 연구 성과로 선두에 굳건히 서서 세계시장을 선점하는 것이다. 그만큼 이 연구의 가치는 이루 말할 수 없이 크다.

우리나라는 자동차 배기가스 등 정확히 측정할 수 없는 것들을 모두 제하고도 화력발전소에서만 이산화탄소를 1년에 약 1.5억 톤 정도 배출한다. 그런데 문제는 이 이산화탄소가 지구온난화의 주범일 뿐만 아니라 돈이라는 것이다.

1979년 2월, 스위스 제네바에서는 '세계기후회의(SWCC)'가 열렸다. 이 회의는 바로 지구온난화 등 날로 심각해져만 가는 기후 문제를 해결하기 위한 최초의 국제회의였다. 이 회의를 시작으로 세계는 기후변화 문제에 따른 여러 가지 문제를 다각도로 논의하며 적극적인 대책을 강구하기 시작했다.

그 결과 1992년 5월 '기후변화에 관한 유엔 기본협약(United Nations Framework Convention on Climate Change)'을 채택하기에 이르렀다. 내용은 지구온난화 방지를 위해서 모든 당사국이 참여하되, 온실가스 배출의 책임이 있는 선진국은 차별화된 책임을 진다는 것이었다.

나아가 1997년 일본 교토에서 열린 제3차 당사국총회에서는 지구온난화의 역사적 책임이 있는 선진 38개국을 대상으로 2008년부터 2012년까지 이산화탄소를 포함한 6개 온실가스 배출량을 1990년 수준의 5.2% 수준으로 줄이자는 데 합의하였다. 즉, 지구온난화의 주범인 온실가스를 실질적으로 감축하자는 것이다. 이러한 내용을 담은 문서를 '교토의정서(Kyoto Protocol)'라고 한다.

우리나라는 1993년에 이미 유엔 기후변화협약에 가입을 하였고, 교토의정서에는 2002년에 비준을 마친 상태이다. 그런데 우리나라는 지금은 비록 교토의정서의 온실가스 감축 의무 국가는 아니지만 온실가스 의무 감축 국가로 분류될 가능성이 크다. 그것은 우리나라의 이산화탄소 배출량이 세계 9위이기 때문이다.

또한 우리나라는 OECD 국가 중 이산화탄소 배출량 증가율 1위를 기록하고 있다. 그러므로 우리나라는 다가오는 2013년 이후부터는 온실가스를 의무적으로 감축해야만 하는 과제 앞에 놓여 있다. 즉 앞으로 5년 후부터는 이산화탄소 배출량을 의무적으로 감축하지 않으면 돈으로 배상을 해야 하는 것이다.

예를 들어 이산화탄소 배출량 5억 톤 중 1억 톤을 의무감축하겠다 목표를 세워놓고 1,000만 톤만 감축하고 나머지 9,000만 톤은 감축하지 못하면 의무감축을 하지 못한 9,000만 톤을 돈으로 배상해야 한다. 이를 돈으로 환산하면 톤당 몇 달러씩만 계산한다 해도 막대한 비용을 부담해야 하는 것이다.

온난화의 주범인 이산화탄소 온실가스를 줄이기 위해 비상이 걸려 있는 것은 이 때문이다. 불과 몇 년 전까지만 해도 그리 문제가 되지 않았던 이산화탄소 감축 문제가 국가 경제를 좌우하는 중대 사안으로 떠오른 것이다. 그래서 지금 세계는 이산화탄소 온실가스를 감축하는 효과적인 방법을 찾기 위해 연구에 연구를 거듭하고 있다.

우리나라도 예외는 아니어서 오는 2020년까지 현재 배출량인 5억 톤의 20% 정도인 1억 톤을 감축한다는 국가적 목표를 세우고 있다. 이러한 배경 속에 개발된 이 교수팀의 고분자 분리막은 한 줄기 빛과도 같은 것이다. 국가 경제에 막대한 이익을 안겨줄 뿐만 아니라 세계시장도 선점할 수 있으니 이 얼마나 획기적인 성과인가.

지구온난화의 주범으로 꼽히는 이산화탄소를 잡을 수 있는 새로운 소재의 플라스틱을 개발한 이 교수팀의 연구 성과는 우리나라가 독점하고 있는 친환경 기술이다. 또한 이 기술은 분리막을 활용하기 때문에 설비와 장치 등 경제적인 문제를 일거에 해결할 수 있다.

특히나 우리나라는 온실가스 배출의 주범인 화력발전이 전체 전력생산량의 32%를 차지한다. 그래서 현실적으로 온실가스를 줄이기가 쉽지 않은 형편이다. 게다가 온실가스를 5년 동안 평균 5% 정도 줄이려면 매년 국민총생산(GNP)이 0.5%나 감소한다. 이는 당연히 국가 경제와 직결되는 문제다.

이런 상황에서 이 교수팀이 개발한 분리막은 화력발전소 같은 경우 부지와 설치, 비용 문제 등을 한꺼번에 해결할 수 있게 한다. 그리고 이를 돈으로 환산하면, 이 교수팀의 분리막을 적용하여 2015년부터 2030년까지 총 1억 톤의 이산화탄소를 감축할 경우 무려 3조 6,000억 원의 경제적 효과를 볼 수 있다.

이 교수팀이 개발한 분리막은 세계의 주목을 받으며 비상한 관심을 끌고 있다. 이는 물론 새로이 개발된 분리막의 경제적 창출 효과 때문이다. 현재 이산화탄소의 톤당 처리 단가는 120달러이다. 이를 30달러로 낮추는 것이 세계적인 목표인데, 새로운 분리막이 상용화만 되면 처리단가를 15달러 정도로 낮출 수 있다. 이처럼 이 교수팀이 개발한 분리막은 그동안 세계적으로 답보 상태에 있던 기술을 진일보시킨 기술이다.

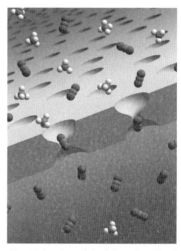

신규 플라스틱 소재의 기체 투과 모형. 신규 플라스틱 소재의 빈 자유 공간을 모래시계 형태의 기공 구조로 표현하고 있으며, 이산화탄소와 메탄 혼합 기체 가운데 이산화탄소만을 선택적으로 분리하는 과정을 도식화하였다.

현재 기체분리막* 시장은 5,000억 원 정도에 불과하다. 그러나 설비까지 합치면 수십조 원에 달한다. 더욱이 중요한 것은 지구온난화와 관련한 시장은 아직 형성도 되지 않았다는 점이다. 그 어느 나라도 예측할 수 없는 시장이니 당연하다. 이런 면에서 이 교수팀의 연구 성과는 지구 환경과 직결되는 기념비적인 것이다.

이 교수는 새로이 개발한 고분자 분리막을 앞으로 1~2년 정도 후면 실용화할 수 있다고 자신한다. 현재는 플라스틱 필름 상태이지만 후속연구를 통해 곧 상용화를 실현할 수 있다는 것이다. 그리고 이미 모든 연구가 착실히 진행되어 그 결실을 기다리고 있다.

여기서 한 걸음 더 나아가 이 교수는 분리막을 통해 잡은 이산화탄소를 저장, 활용하는 연구도 계획하고 있다. 사실 이번 연구는 이미 3년 전에 일찌감치 그 성과를 얻은 상태였다.

그러나 이 교수는 더욱 치밀한 연구와 준비 과정을 거쳐 완벽한 성과를 본 후에야 《사이언스》에 논문을 발표했다. 그 과정에서 이 교수는 다른 많은 연구 재료를 얻었고, 이를 후속으로 연구할 계획을 세워 놓았다. 그리고 이제는 개인의 연구가 아닌 국가적인 연구로 수행하여 국가 경제에 이바지하겠다는 뜻을 품고 있다.

프로정신으로 무장하고 일하라. 그것이 경쟁력이다!

"요즘 학생들을 보면 끈기가 부족한 것 같습니다. 한마디로 집중력이 부족하죠. 그 점이 제일 아쉽습니다. 연구는 한 가지를 집중적으로 파고들면 거기서 또 다른 연구가 계속 파생되고, 또 그것을 즐기고 연구를 하다 보면 개인적 성취는 물론 부도 얻을 수 있습니다. 한 길로 파고들어가야 꿈을 성취할 수 있는 것이죠."

이영무 교수는 후학들에게 한 길로 간다는 정신과 자세를 가져야 한다고 주문한다. 과거에는 연구에 임하면 문제를 완벽하게 풀 때까지 노력하고 집중하는 자세를 지녔는데 지금은 그렇지 못하다는 것이다.

물론 여기에는 현실적인 어려움이 있는 것이 사실이다. 진로와 장래에 대한 불안감이 우직하게 연구에 몰두하게 하지 못하는 것이다. 한 가지 연구에만 매달리고 있으면 장래가 안 보인다는 불안한 생각에 모든 것을 빨리빨리 풀고 넘어가는 현실이 안타까울 뿐이다. 그러나 이는 의지 문제이다.

모든 학문이 그렇듯 과학도 이것저것 벌려 놓고 하는 학문이 아니다. 그리고 모든 성공한 사람은 한 우물만 지극 정성으로 판 사람들이다. 한 가지 목표가 분명하게 세워지면 결실을 맺을 때까지 끝장을 보고야 말겠다는 정신으로 성공이라는 열매를 거둔 것이다.

그래서 이 교수는 자신의 분야에서 매사 최선을 다하라고 말한다. 평범한 이 진리가 학자로서의 좌우명이자 학문적 신념이 되어야 한다는 것이다. 그것이 곧 프로페셔널 정신이라고 이 교수는 강조한다.

특히 이공계는 연구에 몰두하여 반드시 문제를 풀고야 말겠다는 끈기와 마인드로 무장되어 있어야 한다고 말한다. 그래서 이 교수는 강의를 통해 무엇을 하든 프로가 되라고 주문한다. 프로처럼 일하고 프로처럼 생각하라는 것이다. 그리고 자신에게 맞는 일을 찾아 완벽하게 해낸다는 프로정신이야말로 그 무엇도 따라올 수 없는 경쟁력이라고 강조한다.

끈기와 집중력으로 무장하고 프로정신으로 연구에 임하라는 이영무 교수. 한 길로 파고들어가야 꿈을 성취할 수 있다고 말한다.

그렇다고 이 교수가 후학들을 부정적으로만 보는 것은 결코 아니다. 현재를 살고 있는 학생들을 보면 놀라울 정도로 많은 장점을 가지고 있다고 그는 말한다. 그중 이 교수는 열린 생각과 사고, 세계 지향의 국제 감각을 높이 산다. 한마디로 글로벌화 되어 있다는 것이다.

자연스럽게 세계적인 감각을 갖추고 있어 외국에 나가서 연구 활동을 해도 과거에는 현지 적응하는 데만도 시간이 오래 걸렸는데 지금은 하루 이틀이면 적응을 할 정도로 감각이 뛰어나다는 것이다. 거기에 우리 과학계의 위상도 국제적으로 많이 높아져 세계 어디를 나가도 우수한 기량을 보이며 뒤처지지 않는다.

또한 과거에는 국내 박사 학위 취득자는 전반적으로 수준이 낮은 것으로 인식하는 풍토였는데 지금은 세계적인 연구 그룹에 끼어 당당히 제 몫을 다하고 있다. 열린 사고와 세계적인 감각, 뛰어난 연구 활동, 여기에 순수한 열정과 끈기로 단기적인 것에 매달리지 않고 더 멀리 미래를 내다보며 자신의 분야를 개척한다면 머지않아 세계 과학계를 주도할 날이 올 것이라고 그는 확신한다.

과학도는 인내와 끈기를 철칙으로 여겨야 한다고 말하는 이 교수는 1954년 서울에서 태어나 서울사대부중·고를 거쳐 한양대학교 고분자공학과 학사와 석사 과정을 마쳤다.

초등학교 때부터 과학자의 꿈을 키워온 그는 어려서부터 과학에 대한 호기심이 남달랐다. 당시는 라디오나 전축 등이 귀한 시대였는데, 그는 그것들을 분해하고 조립하는 것을 자주 할 정도로 좋아했다. 시계를 분해했다가 조립이 제대로 안 되어 호된 꾸지람을 듣는 것도 다반사였다. 그러나 그는 순하고 평범한 모범생이었다. 다만 과학에 대한 끊임없는 관심과 호기심만은 스스로도 어쩌지 못할 뿐이었다.

한양대학교 고분자공학과를 선택한 것은 그의 운명이었다. 그러나 평소 화공 계통에 관심이 많았던 그이지만 학과 선택을 앞두고는 적지 않은 고민을 해야 했다. 당시는 고분자공학이란 학문이 생소했기 때문이었다. 그가 대학 진학을 했던 1970년대만 해도 플라스틱 하면 그저 바가지나 연상하던 시절이었던 것이다.

그러나 그는 과감하게 새로운 분야에 도전했다. 화학 교사였던 친구 외삼촌의 화공을 하려면 고분자를 해야 한다는 조언도 마음을 움직였지만 고분자공학이야말로 미래에 가장 유망한 분야가 될 거라는 확신이 들었기 때문이다.

그러나 이 교수는 대학에 들어와서 또 다른 갈림길에 직면한다. 그토록 열망했던 과학자의 꿈과 비견할 만한 다른 매력적인 것을 발견한 것이다. 그 매력적인 것이란 기자였다.

대학 시절 이 교수는 학보사인 영자신문사에서 기자로 활동했다. 초등학교 때 사립학교를 다닌 그는 원어민 영어교육을 충실히 받은 덕에 영어라면 자신이 있었다. 또 영어에 대한 관심도 과학 못지않게 많았다.

그가 활동한 영자신문사는 대부분 공대생들이었다. 그래서 더욱 자연스러웠고, 원어민 교수가 지도를 하고 있어서 기자 생활도 재미있고 모든 게 만족스러웠다. 영어에 대한 남다른 자신감과 기자 활동을 하며 체득하는 공동체 생활은 여간 매력적인 것이 아니었다. 그래서 그는 현장에서 발로 뛰는 기자정신을 함양해 가며 편집장까지 역임하는 등 기자라는 매력에 푹 빠져 장래 정도를 걷는 멋진 기자를 꿈꾸기도 했다.

그러나 이 교수는 어려서부터 꿈꾸어왔던 과학자의 길을 결코 포기할 수 없었다. 비록 기자라는 직업이 뿌리칠 수 없는 매력 있고 전도유망한

직종이기는 하지만 험난한 길을 걷더라도 애초의 꿈인 과학자의 길을 걷고 싶은 열망을 지울 수가 없었던 것이다. 또 세계적인 과학자가 되려면 영어는 반드시 필요한 도구였기 때문에 기자는 학보사 활동으로 만족하기로 했다.

과학기술이 없으면 나라도 없다

1977년 한양대학교 고분자공학과를 졸업한 이 교수는 곧 모교 대학원에 진학하여 석사 과정에 들어갔다. 이때부터 그는 본격적으로 '막'에 대한 공부에 들어갔다. 그리고 2007년 《사이언스》에 논문을 발표하기까지 30여 년 동안 분리막 연구 외길을 걸었다.

이 교수가 분리막에 처음 눈을 뜬 것은 1982년부터 1986년까지 노스캐롤라이나주립대학교(North Carolina State University)에서 유학하며 박사 과정을 밟을 때였다. 그가 대학원 시절, 당시 우리나라에서 고분자공학이라는 학문은 매우 낯선 것이었다. 연구를 하고 싶어도 변변한 시설과 장비도 없었고, 이론적으로도 취약했다. 그가 노스캐롤라이나주립대학교로 유학을 간 것은 이 때문이었다. 막 연구의 세계적인 대가들이 노스캐롤라이나주립대학교에 몰려 있었던 것이다.

그래서 이 교수는 한양대학교 교비(校費) 유학생 자격으로 그곳에 가서 연구를 수행하며 고분자에 대한 공부를 했다. 그는 유학 시절 소방복과 방호복, 탱크 등에 쓰이는 특수 고분자와 특수 섬유를 접하며 점차 플라스틱에 눈을 떠갔다. 그리고 박사 과정을 마친 후에는 1988년까지 미국에 머물며 박사후연구원 과정을 거쳐 '포스트잇'으로 유명한 3M에 입사,

연구원으로 근무했다.

이 시기 한국의 과학계는 모든 것이 척박했다. 그리고 이 무렵 이 교수는 다시 한 번 중대한 갈림길에 서야만 했다. 다름 아닌 귀국 문제였다.

3M 연구원 시절 이 교수는 한국의 과학계를 보며 절망했다. 당연할 터였다. 선진 과학국에 비교할 수 없을 정도로 초라한 한국의 과학계는 솔직히 귀국하는 것이 무모할 정도였다. 모든 면에서 열악하기만 한 연구 풍토는 한 젊은 과학자의 의지를 꺾어놓기에 충분했다. 한국에 돌아와 자신이 하고자 하는 연구를 수행한다는 것은 한마디로 맨땅에 헤딩하기나 다름없었다. 그러나 그는 최상의 조건을 모두 뿌리치고 돌아왔다.

귀국을 해야겠다는 결단은 초심에서 비롯되었다. 그 무렵 이 교수는 미국 유수의 기업에서 연구원으로 근무하는 촉망받는 젊은 과학자였다. 그리고 성공만 하면 탄탄대로는 물론 개인적인 꿈을 성취하며 남부럽지 않게 잘살 수 있었다. 또 그렇게 평탄한 길도 보장되어 있었다.

그러나 어느 순간부터 그는 자신이 성공이라는 틀에 갇혀 안주하고 있다는 생각을 하게 되었다. 교비 유학생 자격으로 미국에 갔을 때는 열심히 공부를 하고 돌아와 우리의 낙후된 연구 풍토와 환경을 선진 수준으로 바꿔놓고 말리라 다짐을 했는데, 어느새 그 결심이 무너지고 현실에 자족하고 있는 자신의 낯선 모습을 본 것이다. 그때 초심이 고개를 번쩍 들었다. 개인의 영달보다는 스스로를 희생하여 우리 과학계를 선진 수준으로 끌어올리겠다는, 안주하며 자족하기보다는 언제나 처음 마음으로 가시밭길을 기꺼이 걸어 꿈을 펼쳐 희망을 만들겠다는 의지와 신념이 그를 깨운 것이다.

그러나 막상 한국에 돌아와 모교인 한양대학교 교수로 부임하여 접한 우리 과학계는 그의 생각보다 훨씬 열악했다. 하지만 그는 결코 실망하거나 좌절하지 않았다. 이미 각오하고 왔기 때문이었다. 모든 것을 감수하고 최악의 상황에서 최상의 결과를 만들겠다는 그의 의지 앞에 환경의 열악함 쯤은 문제도 되지 않았다. 오히려 이는 그의 의지를 더욱 단단하게 할 뿐이었다.

비록 그가 미국에 머물러 있는 6년 동안 어느 하나도 변화하지 않고 발전보다는 후퇴한 느낌마저 들었지만 그에게는 그것이 새로운 환경을 만들 수 있는 희망이었다. 그렇게 그는 지난 20년 동안 모교에서 한결같은 마음으로 연구를 수행하고 정진하며 세계 최고의 과학자로 우뚝 섰다. 그리고 마침내 이산화탄소를 잡는 새로운 분리막을 개발하여 그의 연구팀을 최정상에 올려놓았다.

"과거와 비교해 보면 참으로 격세지감을 느낍니다. 불과 20년 전만 해도 세계 3대 과학 학술지는 물론 세계에 논문을 발표한다는 것 자체가 놀라운 일이었습니다. 그런데 지금은 어떻습니까? 이제 우리 과학기술 경쟁력은 세계 7위를 달릴 정도로 그 위상이 높아졌습니다."

성공가도를 미련 없이 버리고 돌아와 척박한 환경과 풍토에서 오직 선진 과학만 생각하며 연구에 매달려온 이 교수의 감회는 특별하다. 그리고 세계 최고를 지향하며 오늘도 실험실에서 밤을 새는 젊은 과학도들을 보면 마음이 뿌듯하고 기쁘다. 그러나 그는 아직 갈 길이 멀다고 한다. 그것은 과학에는 2등이 없기 때문이다. 오직 1등만이 세계의 인정을 받기 때문이다.

한국 과학이 세계 최정상의 자리에 오르려면 무엇보다 우수한 '협력자'가 많아야 한다고 그는 말한다. 예를 들어 어떤 아이디어가 있으면 분야를 초월한 협력자들이 고르게 있어 바로 연구가 수행되어야 하는데 아직은 유기적인 협력 체계가 갖추어지지 않고 있는 것이 현실이라는 것이다. 선진 과학국이 정상을 지키는 이유는 바로 이 때문이다.

그러나 우리는 이제 얼마든지 좋은 연구를 수행할 수 있는 환경을 만들었는데도 아직까지 효율적인 협력 체계를 구축하지 못하고 있다. 이는 우리 과학계가 시급하게 해결해야 할 과제다.

과학기술이 없으면 나라도 없다. 특히 기초과학은 과학의 뿌리다. 그런데 우리 국민들은 과학에 대한 관심이 부족하다. 또 많은 과학기술자들이 사회적 대우를 제대로 받지 못하고 있다.

이는 우리 국민들의 과학에 대한 인식이 부족한 탓이다. 이 교수가 가장 아쉬워하는 것은 바로 이것이다. 과학기술 경쟁력이 곧 국가경쟁력이고, 과학기술이 발전해야만 우리 경제가 살아난다는 것을 국민들이 알고 우리 과학의 발전을 위해 좀더 많은 관심을 갖고 성원을 해주어야 현재 과학계가 안고 있는 문제와 과제를 해결할 수 있기 때문이다.

끊임없이 세계와 경쟁하라

이 교수는 현재 분리막 후속 연구와 함께 연료전지에 대한 연구를 병행하고 있다. 연료전지 연구는 이 교수가 학계에 꼭 남기고 싶은 연구 중 하나다. 연료전지를 개발하여 엔진을 대체한 연료전지 자동차를 상용화하겠다는 목표인 것이다.

이는 대체에너지 차원에서 세계적으로 매우 중요하고 시급한 연구다. 만약 이 연구가 계획대로 성공한다면 우리나라는 막대한 경제적 이익을

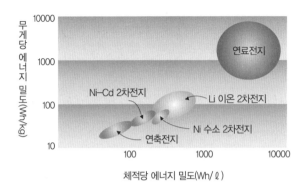

체적당 에너지 밀도(Wh/ℓ)

2차전지와 연료전지의 에너지 밀도 비교

자료 : 일경(日經) Electronics 2001. 10. 22(삼성경제연구소, 에너지 혁명 – 연료전지 사업의 현황과 발전 전망, 2004, p.26에서 재인용)

얻는 것은 물론 세계시장을 선도할 수 있다.

차세대 동력원으로 각광받고 있는 연료전지의 핵심 소재 역시 막, 즉 플라스틱 필름이다. 수소로 작동하는 연료전지 자동차는 수소와 산소가 결합하면 전기가 발생하는 원리를 이용한다.

그런데 문제가 하나 있다. 수소와 산소가 직접 결합하면 격렬한 폭발이 일어나 전기를 끌어낼 수 없다는 것이다. 분리막은 이때 이용된다. 수소와 산소를 직접 반응시키지 않고 분리막을 이용해 전극을 나누어 반응시키는 것이다. 분리막은 음극 공간과 양극 공간을 분리해 수소와 산소를 나누고 전자를 잃은 수소 이온만 통과시켜 산소와 결합할 수 있도록 하는 역할을 한다.

그러므로 분리막 개발은 수소 이온 전도성을 높이고 사용 수명을 어떻게 연장하느냐가 성패를 결정짓는다. 현재는 세계적으로 2,000시간까지 사용할 수 있는 분리막을 개발하는 데 성공했다. 이 교수팀 역시 2,000시간대의 분리막을 개발해냈다. 그리고 지금은 1만 시간 수명의 분리막을 개발하는 데 목표를 두고 있다. 또한 전기자전거 실험을 통해 연료전지 상용화라는 목표를 향해 한 발, 한 발 나아가고 있다.

이 교수는 또 분리막의 미세 구멍 크기와 성질을 조절해 다양한 기체를 분리해내는 연구도 수행하고 있다. 이 기술은 실외 산소를 실내로 더 많이 들여보내는 공기정화기에 응용된다. 분리막은 공기의 분리뿐만 아니라 폐수 처리에도 사용된다. 이미 이 교수는 염화비닐수지(PVC)를 이용한 분리막을 개발, 특허를 얻어 기업체에서 상용화하고 있다.

이 교수가 개발한 것은 이뿐만이 아니다. 이 교수는 고분자 연구를 통해 생체물질 개발에도 심혈을 기울이고 있다. 그 대표적인 것이 인공 피부다. 화상이나 욕창 등으로 피부가 손상된 환자에게 이식하는 인공 피부는 고분자 물질에 세포를 첨가하여 만든다.

이 교수는 이미 오래전부터 인공 피부 개발에 정열을 쏟아왔는데, 이 연구에서 장기유착방지제인 '가딕스(Guardix)'를 개발해냈다. 수술을 하고 난 뒤에 상처 부위와 주변 장기가 서로 들러붙는 것을 방지하는 장기유착방지제는 이 교수가 가딕스를 개발하기 전까지 전량 수입을 하여 쓰고 있는 실정이었다.

그러나 1990년대 이 교수에 의해 가딕스가 개발되고 난 이후부터는 현재 모든 병원에서 상용화하고 있다. 더욱이 이 가딕스는 박테리아를 배양해 추출한 천연 고분자를 기초로 만들어져 있어 생체 적합성이 매우 뛰어나다.

이처럼 왕성한 연구 활동을 수행하고 있는 이 교수는 한양대학교 교수로 부임한 1988년 이후 20년간 SCI 학술지에 무려 230편의 논문을 발표했다. 논문이 인용된 횟수도 5,200번으로 여러 차례 세계 10위권에 들었다.

또한 국내 논문도 120편이나 발표했으며, 특허는 25건이나 된다. 그리고 지난 2004년부터 현재까지 화학공학계 세계 3대 학술지로 꼽히는《멤브레인 사이언스 저널(Journal of Membrane Science)》의 에디터(편집자)로 활동하고 있다. 과학자의 연구 성과는 SCI(Science Citation Index : 과학기술 논문 인용 색인)에 등록된 국제 학술지에 게재된 논문 수로 평가한다.

그런데 이 SCI 학술지에 게재되는 논문을 평가하는 에디터로 선정되어 활동하고 있는 것이다. 이는 세계가 이 교수를 화학공학계의 최고 권위자로 인정하고 있다는 것을 의미한다.

"매일 1~2시간씩 시간을 할애해 세계 각국에서 들어온 논문을 읽고 심사를 합니다. 1년에 대략 250편의 논문을 심사하지요. 대학 시절 4년간 영자신문사 기자를 하면서 사회에 나가면 기자가 돼 편집장이 되겠다는 꿈을 꾸기도 했는데, 다른 방식이긴 하지만 결국 꿈을 이룬 셈이어서 보람을 느낍니다. 연구와 학교에서의 교수 역할, 또 사회 활동 등 많은 일들을 전천후로 소화하고 있지만 그 모두가 즐겁기만 합니다. 모두가 내가 좋아하는 일이기 때문입니다. 진정으로 내가 좋아하는 것을 하면 모든 것은 다 자연스럽게 이루어집니다. 모두 성공할 수 있다는 말이죠. 그리고 즐겁게 누릴 수 있습니다."

그의 말처럼 그는 일을 즐긴다. 또 그는 멀티 플레이어다. 그러면서 그는 끊임없이 자신에게 주문한다. 세계와 부단히 경쟁하라고.

이 교수가 후학들에게 늘 강조하는 말도 바로 이 한마디다. "우리의 경쟁자는 우리가 모르는 다른 세계에 있다. 그러므로 세계와 끊임없이 경쟁하라."

대학원 시절부터 지금까지 40여 년 동안 분리막 연구 외길을 걸어 세계 최고의 권위에 오른 이영무 교수. 그는 말한다. 플라스틱은 인류 미래 환경을 획기적으로 변혁시킬 물질이라고. 그래서 정년을 넘어 은퇴 후에도 연구에 매진할 것이라고. 그리고 그는 믿는다. 그것이 과학자의 프로페셔널 정신이라고. 이 평범한 정신이 곧 과학자가 지녀야 할 학문적 신념이라고.

엔지니어링 플라스틱(engineering plastics) 구조용 및 기계 부품에 적합한 고성능 엔지니어링 플라스틱으로 주로 금속 대체를 목표로 한 플라스틱, 또는 자동차 부품이나 기계 부품, 전기 및 전자 부품과 같은 공업적 용도에 사용되는 플라스틱을 말한다.

분리막(membrane) 분리하고자 하는 대상 혼합물, 즉 고체·액체 또는 기체를 선택적으로 분리할 수 있는 성질을 갖는 필름, 튜브, 나권형 형태의 막을 통칭한다. 분리막은 분리, 차단, 고분자 전해질, 반도체, 약물 전달, 인공 피부 등과 같은 다양한 기능을 포함하고 있다. 주로 분리를 목적으로 하는 화학 공정에서 사용되며 정수기 필터, 찜질방의 산소방 산소 공급 등과 같이 우리 생활의 많은 부분에 밀접한 기술로 사용되고 있다.

막법 분리막을 이용하여 혼합물을 분리하는 공정을 말한다. 분리막이 가진 기공의 형태 및 크기와 막의 물리, 화학적 특성, 분리하고자 하는 혼합물의 형태 및 크기에 따라 압력, 농도, 전위차 등의 추진력을 이용하여 행해진다. 이러한 분리막 공정은 분리하고자 하는 혼합물의 크기, 성질 및 분리에 필요한 추진력 등에 의해 구분된다.

셀룰로오스 아세테이트 펄프 등 천연에서 얻어지는 셀룰로오스 고분자를 아세트산(빙초산), 아세트산 무수물, 황산 등과 반응시켜 얻어지는 천연 고분자의 일종으로 필름, 섬유, 접착제 등에 두루 사용되는 상업용 플라스틱이다.

셀룰로오스 아세테이트 필름

연료전지 연료전지는 산화·환원 반응을 통해서 화학적 에너지를 전기에너지로 직접 전환하는 발전장치이다. 유일한 배출물이 물이어서 공해물질을 거의 배출하지 않으며, 기존의 발전 기술에 비해 발전 효율이 높아 고효율·친환경적 기술이라 할 수 있다.

기체분리막 기체분리막은 나노미터보다 작은 크기의 기체들을 물리적·화학적 성질을 이용하여 분리할 수 있는 분리막 공정으로, 공기 중의 산소·질소 혼합물 분리, 발전소 배기가스로부터 이산화탄소·질소 분리, 석유화학 공정에서 수소 회수, 천연가스 중의 이산화탄소·메탄 분리를 통한 메탄 정제 등의 다양한 혼합기체 분리 공정에 사용되고 있다.

05
생체분자 제어와
운동 측정 기술을
개발하다

홍성철(洪成喆) 서울대학교 물리천문학부 교수

1989~1994   서울대학교 물리학과 학사
1994~1996   서울대학교 물리학과 석사
1996~2000   서울대학교 물리학과 박사
2006~현재   서울대학교 물리천문학부 교수

생체분자 제어와
운동 측정 기술을 개발하다

"제 꿈은 한 가지입니다. 우리 연구실이 세계적인 연구 그룹으로 성장하는 것. 그래서 우리 연구실 출신 학생들을 세계의 연구 그룹에서 앞다투어 데려가고 싶어 하게끔 만들고 싶습니다. 비록 한국에 돌아와 연구실을 꾸린 지 1년 반 정도밖에 안 되었지만 1~2년 안에 그런 연구실을 만들 자신이 있습니다. 또 경쟁력도 충분하다고 생각합니다."

한마디로 당차고 멋진 말이다. 세계 정상을 향한 젊은 과학자의 포부가 듬직하게 느껴진다. 순박하고 수줍은 이미지와는 사뭇 다른 패기와 열정은 보는 이의 마음을 절로 즐겁게 한다.

서울대학교학교 생물물리 및 화학생물학과 홍성철 교수, 그는 미래 '과학 한국'을 짊어지고 갈 젊은 과학자다. 목표한 것을 시작하면 결코 포기란 없는, 인내와 끈질김으로 끝을 보고야 마는 차세대 과학자다.

지난 2006년 7월 서울대학교는 사상 두 번째로 공채 절차를 거치지 않고 이례적으로 교수를 특별 채용했다. 주인공은 바로 자연과학대학 물리학부 생물물리학 전공의 홍성철 교수로 당시 그의 나이는 36세였다. 89학번인 홍 교수는 1994년 서울대학교 물리학과를 졸업하고 2000년까지 석사와 박사 과정을 마친 후 미국으로 건너가 일리노이주립대학교(University of Illinois at Urbana, Champaign)와 하워드 휴즈 메디컬 인스티튜트에서 새로운 영역인 생물물리학(生物物理學, biophysics)*을 연구했다.

생물물리학은 물리학을 생물학에 확대 적용하여 생명현상의 본질을 물리적 관점에서 연구하는 새로운 학문 영역으로, 최근 바이오산업의 발달과 함께 각광받고 있는 분야다. 특히 홍 교수의 연구 분야인 단일생체분자(single - biomolecule) 연구는 생명활동에 필수적인 생체분자를 이해함으로써 생명현상을 이해하고자 하는 연구 분야로 국제적으로 채용 경쟁이 치열한 신생 분야다.

서울대학교가 홍 교수를 특별 채용한 것은 이 같은 배경에서였다. 해당 분야에서 학문적 우월성을 인정받으며 국내외 유수의 대학에서 러브콜을 받고 있는 홍 교수를 원칙대로 공채를 적용하여 시간을 끌다가는 인재를 놓칠 수 있다고 판단했던 것이다. 그래서 서울대학교는 홍 교수를 임용하기 위해 자연대의 특별채용 규정까지 고쳐가며 그를 임용했다.

30대의 젊은 나이에 서울대학교에 교수로 임용된 홍 교수는 부임 당시 "새롭게 부상하는 분야인 생물물리학에서 한국이 선두에 설 수 있도록 최선을 다해 연구하고 가르치겠다"는 포부를 밝혔다. 그리고 그 포부를 홍 교수는 불과 1년 만에 현실로 만들었다.

2007년 10월 홍성철 교수는 《사이언스》에 〈Fluorescence - Force Spectroscopy Maps Two - Dimensional Reaction Landscape of the Holliday Junction〉이라는 논문을 발표했다.

논문 내용은 나노미터(nm : 10억분의 1m) 단위의 작은 생체분자운동을 측정하고 제어할 수 있는 기술을 세계 최초로 개발했다는 것이었다. 또한 광학집게(optical tweezer) 기술*과 단일분자프렛 기술*을 결합하는 데 성공하여 이를 통해 'Holliday junction'라 불리는 DNA 분자의 형태 전이 메커니즘과 전이 상태를 규명했다.

이 연구는 세포 활동 등 생명현상을 이해하는 데 한 단계 진일보한 것이다. 아울러 생물물리 분야에서 두 가지 난제(難題)로 꼽히던 생체분자(biomolecule)*의 제어와 생체분자의 운동을 관찰할 수 있는 장비와 기술을 개발하였다는 데 큰 의의가 있다.

생물물리 분야의 두 가지 난제를 해결하다

홍성철 교수의 연구를 이해하려면 먼저 '전이(transition)'와 '전이 상태(transition state)'에 대해 알아야 한다.

전이는 물리계가 어느 상태로부터 다른 상태로 변화하는 것을 말한다. 그리고 전이 상태는 어떤 안정 상태로부터 다른 안정 상태로 이동하는 과정 동안에 거치는 자유 에너지의 극대 상태로, 원자 집단이 어떠한 임계배치*를 갖는 상태를 말한다. 즉, 화학반응계에서 반응물질을 활성화시킬 수 있는 일정한 에너지 준위(Energy 準位)* 상태를 말한다.

생체분자는 생체 중에 존재하는 분자종의 총칭으로, 특히 생체의 생명 활동에 필수적인 분자이다. 생명체는 저마다 고유한 특성들을 가지고 있는데 홍 교수의 연구 분야인 분자생물물리 관점에서 보면 우리 몸은 몸을 이루고 있는 생체분자들이 활동을 하기 때문에 생명현상이 일어난다고 본다.

우리 몸을 이루고 있는 다양한 생체분자는 각각의 다른 기능과 역할을 수행한다. 비유하자면 생체분자는 일종의 기계에 해당하는데, 그 기능이 같은 것이 하나도 없이 각각의 기능이 저마다 모두 다르다.

그런데 이 다양한 생체분자들은 나노미터 단위의 작은 분자들이기 때문에 각각의 기능과 역할을 규명할 수가 없다. 각각의 기능을 이해하기 위해서는 실험을 통해 실제로 들여다보고 만져보고 관찰을 해야 하는데 현미경으로도 관찰이 안 될 정도로 미세하기 때문에 연구할 방법이 없는 것이다. 홍 교수가 개발한 것은 바로 이 생체분자를 관찰할 수 있는 장비와 기술이다.

그동안 세계의 연구팀들은 나노과학을 이용하여 생체분자를 관찰하기 위해 끊임없는 연구를 시도해 왔다. 단일분자분광학으로 유명한 스탠퍼드대학교와 버클리대학교, 매사추세츠공과대학교(MIT) 등 세계 정상의 연구 그룹은 생체분자를 관찰하고 제어하기 위해 수년간 연구에 연구를 거듭하며 기술과 장비를 개발하기 위해 심혈을 기울여 왔다. 그리고 실패를 거듭하다가 지난 2003년, 마침내 성공을 거두었다.

그러나 당시 개발된 기술은 여러 가지 면에서 기술적 문제와 한계를 안고 있었다. 생체분자를 연구하려면 실험 장비를 통해 관찰을 하며 그것을 만져도 보고 비틀어도 보면서 실험을 수행해야 하는데 생체분자가 워낙 미세하기 때문에 조금만 힘을 주어도 찢어지거나 부서지기 일쑤였던 것이다. 생체분자를 관찰하기 위해서는 아주 미세한 힘을 주면서 관찰을 해야 하는데 그 기술이 없었던 것이다. 다시 말해 홍 교수가 새로운 장비를 개발하기 전까지는 세계 어느 연구 그룹도 생체분자 연구의 한계를 극복하지 못하고 있었던 것이다.

홍 교수가 개발한 생체분자 관찰 기술과 장비는 생체분자를 제어했
을 때 분자운동이 어떻게 달라지
는지 연구를 수행할 수 있는 길
을 열었다. 또한 홍 교수는 새로
운 장비를 이용하여 화학반응이
일어날 때 초기 상태에서 완료
상태까지의 생체분자 진행과정
을 관찰하여 에너지 다이어그램

홍성철 교수가 개발한 생체분자 관찰 장비

(diagram)을 그려내는 데 성공했다. 즉 생체분자의 전이 상태 메커니즘을
규명한 것이다.

전이 상태는 쉽게 설명하면, 분자가 화학반응을 할 때 넘어야 하는 정
점(頂點), 즉 일종의 언덕 같은 것이다. 그런데 생체분자가 넘어야 하는
이 언덕이 어떤 상태인가는 매우 중요하다. 그것은 전이 상태를 통해 생
체분자의 반응 메커니즘을 이해할 수 있기 때문이다.

그래서 화학자들은 생체분자의 전이 상태를 관찰하기 위해 많은 연구
를 한다. 그러나 문제는 생체분자가 언덕에 있는 시간이 극히 짧다는 것
이다. 생체분자들이 전이 상태에 머무르는 시간이 피코초(picosecond, PS)*
이하이기 때문에 전이 상태를 연구할 수 있는 방법이 거의 없을 정도로
극히 한정되어 있는 것이다.

전이 상태는 생체분자의 운동 메커니즘을 밝혀낼 수 있는 중요한 열쇠
다. 생체분자는 화학반응을 통해 단계별로 진행을 하는데, 예를 들어 생
체분자가 A에서 B로 진행하여 가면 어떤 메커니즘에 의해서 단계별로 진

행하는지 규명할 수 있기 때문이다.

그리고 이를 규명하면 단계를 거쳐 진행하는 전이 상태를 관찰하고 조절함으로써 전이가 일어나는 속도를 조절할 수 있다. 이는 화학반응을 통해 생산물이 만들어지는 속도가 전이 상태의 높이에 의해 결정된다는 점에 비추어볼 때 실용적인 관점에서도 매우 중요하다.

신비의 생명현상에 한 발 더 가까이 다가서다

생체분자의 제어와 다양한 전이 상태를 규명할 수 있는 길을 열어젖히며 전이 상태 반응 메커니즘을 이해하는 데 필수적인 기술과 장비를 개발하여 생체분자의 구조 변화와 운동 변화 등을 새롭게 규명해 낸 홍 교수의 연구 성과는 그동안 우리가 몰랐던 신비의 생명현상에 좀더 근접하여 관찰할 수 있는 계기를 만들었다.

그렇다면 홍 교수는 이 연구를 언제부터 시작했을까? 홍 교수가 처음 이 연구를 시작한 것은 2004년 초였다. 당시 그는 박사 과정을 마치고 미국의 일리노이주립대학교에서 생물물리학을 연구하고 있었다. 그런데 재미있는 것은 홍 교수가 생물물리를 선택한 것이 우연한 기회였다는 점이다. 물론 생물물리에 대해 관심이 없었던 것은 아니다.

홍 교수는 박사 과정 때부터 생물물리에 꾸준한 관심을 가지고 있었다. 그러나 박사 학위는 생물물리와는 다른 반도체 분야의 연구로 취득했다. 생물물리 연구에 뛰어든 것은 그 이후였다.

박사 과정을 마치고 박사후연구원 과정을 준비하던 어느 날 홍 교수는 미국의 일리노이주립대학교에서 생물물리 연구를 하고 있던 하택집 교수로부터 이 분야의 연구를 함께 해보자는 연락을 받았다.

하 교수는 홍 교수의 3년 선배로 2007년 발표한 논문의 교신저자로 참여하고 있다. 마침 생명현상에 대한 이해에 관심이 많았던 홍 교수는 그 기회를 놓치고 싶지 않았다.

그래서 그는 주저 없이 미국으로 건너가 2002년 1월부터 2006년 9월까지 일리노이주립대학교에서 본격적으로 생물물리 연구를 시작했다. 《사이언스》에 발표된 연구는 이때 시작되었다.

생체분자 운동을 측정하고 제어할 수 있는 기술을 개발하기 위한 연구의 역사는 세계적으로 불과 10여 년 정도에 지나지 않는다. 1998년 일본의 연구 그룹에서 최초로 시작된 이 분야의 연구는 단일분자분광학으로 유명한 세계적인 연구팀에서 거듭된 연구와 실패 끝에 2003년 첫 성공을 거두었다.

그러나 이는 기술적인 문제와 한계를 극복하지 못한 미완의 성공이었다. 이를 보며 홍성철 교수는 하택집 교수와 함께 더 좋은 다른 아이디어로 연구를 할 수 있으리라 생각했다. 그리고 2004년 초, 마침내 다른 연구 그룹과는 다른 확실한 아이디어를 찾아내고는 본격적인 연구에 들어갔다.

홍 교수는 먼저 실험 아이디어를 구체화시킨 실험 장치를 설계하고 제작에 필요한 부품들을 주문하였다. 그 기간만 4개월이 걸렸다. 모든 필요 부품이 도착하여 장비 준비와 세팅에 각각 2개월씩 4개월 만에 실험 준비를 갖춘 것이다. 이는 세계의 다른 연구팀들이 수 년 동안 이 연구에 시간을 보낸 것에 비교하면 매우 짧은 기간이다.

실험 준비는 홍 교수가 계획한 대로 모든 것이 일사천리로 착착 진행되어 갔다. 그러나 연구는 생각처럼 술술 풀리지 않았다. 실험에 돌입하여 몇 개월이 지나도 이렇다 할 결과가 나오지 않았던 것이다.

그러나 홍 교수는 실망하지 않았다. 다른 연구팀에서는 실험 준비에만 수년이 걸리는 것을 불과 4개월 만에 해냈기 때문에 반드시 성공하리라는 자신이 있었다. 또 자신이 생각해낸 아이디어가 멋진 결과를 안겨줄 것이라 확신했다. 한 번 연구를 시작하면 끝을 보고야 마는 그의 의지는 거듭되는 실패에도 꺾이지 않았다.

이처럼 실패를 거듭하며 자신과의 고독한 싸움에서 지쳐갈 무렵인 2004년 12월 15일, 마침내 홍 교수는 연구를 시작한 지 1년 만에 첫 결과를 얻을 수 있었다. 이는 세계적으로 유례를 찾아볼 수 없는 매우 짧은 기간에 거둔 성과였다.

뚜렷한 성과 없이 이렇다 할 진전을 보지 못한 채 시간이 갈수록 몸과 마음이 지쳐만 가고 있을 때 얻은 첫 결과는 그야말로 홍 교수를 황홀경에 빠지게 했다.

그날 그는 너무나 기쁜 나머지 실험실을 나와 집으로 돌아가면서 속도계도 보지 않고 거침없이 차를 몰아 도로를 질주했다. 그렇게 스피드를 즐기며 과속으로 달리다가 속도위반으로 딱지를 끊고 말았다. 그러나 속도위반 딱지도 홍 교수의 희열을 제어하지 못했다.

그날 이후 홍 교수는 크리스마스까지 열흘 동안 아무런 실험도 하지 않고 무작정 손을 놓고 지나가는 시간을 즐겼다. 실험 준비에서 첫 성과를 얻기까지 1년이란 시간 동안 지칠 대로 지친 심신을 다스릴 여유도 필요했지만 처음 결과물에서 맛본 희열이 그만큼 컸던 것이다. 그날의 추억을 그는 지금도 잊지 못한다.

그러나 이제 시작이었다. 비록 세계의 어느 연구팀보다 빠른 성과를 내었지만 가야 할 길은 아직도 멀었다. 며칠간의 꿀맛 같은 휴식을 취하며 누적된 피로를 말끔히 씻어낸 홍 교수는 다시 연구에 매달렸다. 성공적인 실험 결과는 모든 것이 계획한 대로 추진하면 완벽하게 성공할 것이라는 확신과 만족감을 주었다.

연구를 재개한 홍 교수는 이듬해인 2005년 2월, 미국 생물물리학회에 첫 연구 결과를 보고했다. 그리고 이듬해 여름까지 실험실에서 밤을 밝히며 연구를 거듭한 끝에 논문 준비에 필요한 모든 실험을 완료했다. 이후 그는 서울대학교에 특채 교수로 채용되었고, 한국으로 돌아오게 되었다. 그리고 서울대학교에 부임한 이후 논문을 완성하여 《사이언스》에 발표했다.

생체분자를 관찰하고 제어하는 것은 곧 생명현상을 이해하는 것과 같다. 이 연구가 중요한 것은 바로 이 때문이다. 특히 나노미터 단위의 생체분자를 관찰하는 것도 지극히 어려운데 그것을 제어하고 운동을 관찰하는 기술과 장비를 개발했다는 것은 생명현상을 이해하는 데 매우 중요한 성과이다.

더욱 기념비적인 것은, 세계적으로 10여 년밖에 안 되는 짧은 연구 역사 속에서 새로운 기술과 장비를 개발하는 데 성공했다는 사실이다. 그래서 그 의의는 더욱 크다. 세계는 바로 이 점에 주목하며 놀라고 있다.

새로운 실험방식에 대해 주목하는 생명공학분야 저명 학술지 《네이처 메소드(Nature Methods)》는 홍 교수의 연구 성과를 두 페이지에 걸쳐 상세히 소개했다. 이는 매우 이례적인 일로, 그만큼 세계가 홍 교수의 연구 성과를 높이 평가하고 있음을 보여준다.

가장 잘할 수 있는 길을 당당하게 선택하고 나아가라

"초등학교 5학년 때였는데, 우연히 칼 에드워드 세이건(Carl Edward Sagan)*의 〈코스모스〉 시리즈를 보게 되었어요. 다큐멘터리였는데, 그것을 보는 순간 어떤 흥분이 막 밀려오는 거예요. 산간 오지에서 자란 저에게는 정말이지 신비한 세계였지요. 한마디로 제가 아는 세계와는 다른, 또 다른 세계였어요. 그때부터 물리학자를 꿈꾸었습니다. 이후 한 번도 다른 꿈은 꾸지 않았습니다."

홍성철 교수가 과학자가 되리라 꿈을 꾼 것은 어쩌면 운명이었는지도 모른다. 그도 그럴 것이 홍 교수는 문명의 혜택이라고는 전혀 없는, 그야말로 산간 오지 마을에서 태어나 자랐기 때문이다.

제주도 중산간에 자리한 오지 마을에서 태어난 홍 교수는 마을의 유일한 남학생이었다. 불과 30여 가구가 촌락을 이루고 있던 마을은 전기는 고사하고 버스도 들어오지 않는 외딴 마을이었다. 마을에 버스가 들어오기 위해 신작로를 낸 것은 그가 일곱 살 때였다. 그때 홍 교수는 길을 내는 불도저를 처음 보고는 마냥 신기하기만 해서 다음에 커서 불도저 운전사가 되겠다는 생각까지 할 정도였다. 그리고 전기가 들어온 것은 초등학교 1학년 때였다.

2남 4녀 중 넷째로 태어난 홍 교수는 어려서부터 무척 내성적이었다. 마을에 또래도 없었고, 학교는 매일 1시간이나 걸어서 혼자서 통학을 했다. 그런 그에게 칼 세이건의 코스모스는 분명 신비한 세계였을 것이다. 그리고 그것은 한 소년의 인생을 바꾸어 놓았다.

장차 물리학자가 되리라는 확고한 목표가 생기자 그때부터 과학에 대한 남다른 관심과 함께 열심히 공부를 했다. 그러나 그는 학교에서 바라는 모범생은 아니었다. 중학교에 진학하여 시내로 나와 고등학교 때까지 자취를 하며 그는 다방면의 독서를 통해 자기만의 세계를 키워나갔다.

성격이 내성적인 그는 주로 혼자서 공부를 하는 스타일인데, 수업시간에는 학과 공부보다는 좋아하는 책을 즐겨 보곤 했다. 공부는 성적을 잘 받기 위해서 하는 것이 아니라는 생각 때문이었다.

"1, 2등은 중요한 게 아닙니다. 청소년 시기에는 성적 때문에 많은 고민을 하는데 너무 성적에 구애받지 않았으면 좋겠어요. 살면서 궁금한 것, 즉 스스로 세상에 대한 질문을 던지고 그 질문에 답을 어떻게 얻을지 고민을 하면서 그것에 필요한 것을 배워 나갔으면 좋겠어요."

그가 미래의 주역인 청소년들에게 전하는 메시지는 바로 이것이다. 교육의 진정한 목표는 잃어버린 채 오로지 사회적 명예와 지위, 경제적 부 등을 추구하는 왜곡된 공부는 바람직하지 않다는 것이다. 그래서 창조적인 교육이 중요하다고 그는 말한다. 그리고 좋은 책들을 부단히 읽고 소양을 쌓으라고 말한다. 그렇지 않으면 과학의 미래는 물론 국가의 미래도 없다는 것이다.

또 하나, 그는 선택의 순간 인생이 결정된다고 믿는다. 그리고 선택의 순간에 서면 자신이 가장 잘할 수 있는 길을 당당하게 선택해 끝까지 포기하지 말고 나아가라고 말한다. 그 역시 물리학자를 처음 꿈꾸었을 때, 그 선택의 순간부터 지금까지 꿋꿋하게 자신의 길을 걸어왔다.

미래를 내다보며 진취적인 목표를 설정하라

청소년기에 많은 책을 읽고 소양을 쌓으라는 홍 교수는 손에서 책을 놓지 않는다.

얼마 전 그는 자신의 인생을 바꾸어버린 〈코스모스〉 시리즈를 다시 보았다. 그걸 보면서 그는 칼 세이건의 스케일에 다시 한 번 놀랐다고 한다. 그리고 세상에는 공부해야 할 것이 무궁무진하다고 느꼈다고 한다.

이는 그가 손에서 책을 놓지 않는 이유이기도 하다. 스스로 생각하기에 아직도 지식이 부족하다고 생각하는 것이다. 그래서 그는 과학은 물론 다양한 분야의 독서를 통해 스스로를 단련하고 있다. 그리고 풍부한 독서를 통해 쌓은 지식과 경험을 온전히 학생들에게 주겠다는 것이다.

그는 또 책 제본공에서 대(大)화학자가 된 마이클 패러데이(Michael Faraday)를 모델로 삼고 있다.

영국 런던의 빈민가에서 태어난 마이클 패러데이는 어려서부터 정규교육도 받지 못한 채 가난에서 벗어나기 위해 책방의 견습공으로 들어가 밥벌이를 했다. 빵 한 조각이 일주일치 식량이었을 정도로 가난한 생활 속에서도 그는 틈만 나면 책방의 책들을 혼자서 읽고 쓰고 외우며 공부에 대한 호기심을 충족했다. 그리고 책방 한 구석에 실험실을 차려놓고 과학에 대한 열정을 꽃피웠다. 그 결과 그는 오늘날 전자기학과 전기화학 분야에 큰 기여를 한 영국의 대표적인 물리학자이자 화학자로 이름을 남겼다.

그의 업적은 열거할 수 없을 정도로 많다. 물리학자로서는 자기장에 대한 기초를 확립한 것을 비롯하여 전자기 유도, 반자성 현상, 전기 분해를 발견했다. 또한 전기 모터의 근본적 형태가 된 전자기 회전장치를 발명하였으며, 전기의 실용적 기술 발달에 많은 공헌을 했다. 화학자로는 벤젠을 발견하였으며, 양극·음극·전극·이온과 같이 널리 쓰이는 전문

용어들을 만들어내기도 했다. 전기용량의 단위인 '패럿(farad, F)'은 그의 이름 '패러데이'를 기리기 위해 붙인 이름이다.

이처럼 많은 업적을 남긴 마이클 패러데이는 세계 역사상 가장 영향력 있는 과학자 중 한 사람으로 꼽힌다. 그리고 과학사 학자들은 그를 과학 역사상 최고의 실험주의자로 꼽기를 주저하지 않는다.

홍 교수가 마이클 패러데이를 만난 것 역시 초등학교 때였다. 칼 세이건의 〈코스모스〉를 우연히 보았듯이 마이클 패러데이 역시 어느 날 아침 라디오를 통해 운명처럼 들은 것이다. 비천한 신분과 환경을 뛰어넘어 89세의 일기로 세상을 떠날 때까지 평생을 실험실에서 연구로 일관한 불굴의 의지와 성공 스토리는 어린 소년의 가슴에 온전히 스며들어 지금까지도 뜨겁게 살아 있다.

특히 홍 교수는 일반인들을 대상으로 과학 설명회를 하는 등 대중계몽에 많은 노력을 기울인 마이클 패러데이의 사상을 높이 평가한다. 그리고 과학자는 영감으로 무장한 천재만 되는 것이 아니라고 생각한다. 마이클 패러데이와 같이 뜨겁게 살아 숨쉬는 열정과 노력으로 무장한 사람만이 위대한 과학자가 될 수 있다는 것이다.

그런 면에서 홍 교수는 후학들을 보며 조금은 아쉽다고 한다. 전반적으로 분위기가 좋고 밝은 것은 장점이지만 자기 자신만 생각하는 태도와 자세가

연구원들과 함께한 홍성철 교수. 그는 언제나 뚜렷한 인생의 목표를 세우고 그 목표를 향해 끊임없이 공부하고 노력하는 자세를 가져야 한다고 주문한다.

안타까운 것이다. 그러다 보니 결국 자신의 세계에 갇혀 있는 느낌마저 든다고 한다.

또 과거와는 달리 목적의식도 많이 결여되어 있다고 지적한다. 뚜렷한 인생의 목표를 세우고, 목표를 향해 끊임없이 공부하고 노력하는 자세를 가져야 하는데 아쉽게도 그런 면이 부족하다는 것이다. 그래서 홍 교수는 미래를 내다보며 진취적으로 목표를 설정하라고 주문한다. 자신이 가야 할 확고한 목표가 없으면 그것은 아까운 시간과 정열을 버리는 것에 지나지 않기 때문이다.

한국에 돌아온 이후 홍 교수는 거의 하루도 쉬지 않고 연구실에서 살았다. 특별한 일이 없는 한 그는 일요일도 없이 연구실로 출근한다. 무엇이 그를 이토록 열정적이게 할까?

그는 현재 다양한 관심사를 연구 과제로 놓고 있다. 《사이언스》에 발표한 논문의 후속 연구를 포함하여 그의 연구 목록에는 DNA 구조 연구와 리보솜(ribosome)* 연구 등 평소에 이것만은 꼭 하고 말리라는 연구 주제들이 빼곡히 들어차 있다.

그리고 그 연구들은 '어떻게?'에서 출발한다. '오른쪽으로 꼬인 이중나선 구조인 DNA를 왼쪽으로 꼬아보면 어떻게 바뀔까? 분자들은 어떻게 운동할까? 이렇게 연구의 시작은 모두 '어떻게'에서 출발하는 것이다. 또한 그는 일단 시작을 하면 안 된다고 결론이 나기 전까지 결코 포기하는 법이 없다. 그의 연구 목록에 있는 과제를 하나씩, 하나씩 모두 다 실험을 하고 성과를 내어 반드시 세계적인 연구 그룹으로 만들고야 말겠다는 각오이다.

그러나 그는 결코 서두르거나 조급해하지 않는다. 당장 눈에 보이는 성과를 내려고도 하지 않는다. 다만 그가 계획하고 목표한 대로 모든 것을 하나씩 자신만의 방식으로 풀어갈 생각이다. 단기간에 결과를 얻기 위한 연구가 아니라 비록 눈에 보이는 뚜렷한 성과가 없더라도 정말 하고 싶은 연구를 시간이 걸릴지라도 미래를 내다보며 하나씩 풀어가겠다는 것이다.

차분하고 조용한 이미지와는 달리 연구에 대한 뜨거운 열정으로 지칠 줄 모르는 홍성철 교수, 그는 말한다. 지금은 개인적 삶을 희생할 때라고. 그리고 자신은 젊다고. 스스로 개척하며 나아가야 할 길이 아직도 멀고 험하다고.

학교에서는 학생들의 미래를 고민하고 책임져야 하는 교수로, 연구실에서는 자신의 연구 과제 리스트를 하나씩 차근차근 풀어가는 연구자로 미래를 그려가고 있는 그. 그는 지금 생애 최고의 순간을 꿈꾼다. 세계 정상의 그룹으로 우뚝 서 있는 연구팀. 그때 그는 비로소 생애 최고의 순간을 만끽하며 활짝 웃을 것이다.

생물물리학(生物物理學, biophysics) 생명현상을 단순히 분류하고 기술하는 데 그치지 않고 물리학 법칙을 이용하여 정량적으로 이해하려는 과학의 한 분야를 일컫는다. 생물물리학의 연구업적 중 몇 가지 중요한 것을 들면, 생물체를 구성하고 있는 분자, 특히 고분자물질인 단백질이나 핵산 등의 구조와 성질에 관한 물리적인 연구를 들 수 있다.

광학집게(optical tweezer) 기술 강한 레이저를 이용하여 생체분자 하나를 잡고 잡아당길 수 있는 기술을 말한다.

단일분자프렛 기술 프렛이란 두 형광분자 사이에 일어나는 에너지 이동현상을 말한다. 프렛에 의한 에너지 이동 효율이 두 분자 사이의 거리에 민감하기 때문에 이 기술을 이용하면 10억분의 1미터보다 작은 거리 변화도 측정할 수 있다. 단일분자프렛 기술은 분자 하나에서 나오는 형광을 측정함으로써 생체분자 하나하나의 운동을 정밀하게 관찰할 수 있는 실험기술을 말한다.

생체분자(biomolecule) 생명체를 이루는 기본 물질인 DNA, RNA, 단백질, 지방 등을 일컫는 말로 주로 탄소, 수소, 산소, 질소로 만들어져 있다. 무기물 분자와 비교하여 대체로 분자량이 크고 복잡한 구조를 갖는 것이 특징이며, 이러한 생체분자의 특성은 생명현상을 무생물현상과 구별짓는 기본이 된다.

임계배치 에너지 상태가 높아서 만들어지기 어렵고, 만들어지더라도 짧은 시간밖에 존재하지 않는 분자의 배치 형태를 말한다.

에너지 준위(Energy 準位) 양자역학이 성립하면서 원자 및 분자에 잡혀 있는 전자들이 불연속적인 에너지 값만을 가질 수 있다는 것이 알려지게 되었다. 이때 허용된 에너지 값 각각을 에너지 준위라 한다.

피코초(picosecond, PS) 시간의 단위. 1피코초는 1조분의 1초를 나타낸다. 빛이 약 0.3mm 진행하는 시간이다.

칼 에드워드 세이건(Carl Edward Sagan, 1934. 11~1996. 12) 미국의 천문학자이며, 외계생물학의 선구자이자 외계문명 탐사계획인 SETI의 후원자로도 유명하다. 코넬대학교 데이비드 던컨 천문학 및 우주과학과 석좌교수로 재직했으며, 행성연구소의 소장과 미국 항공우주국(NASA)의 자문위원으로 활동하며 마리너, 보이저, 바이킹, 갈릴레오, 패스파인더 화성탐사선 등의 우주탐사계획에 참여하였다. 또한 천문학의 대중화에 많은 노력을 기울인 그는 《코스모스》를 저술하여 세계 60여 개국에 방송되었고, 《에덴의 용들》은 퓰리처상을 받았으며, SF소설 《콘택트》는 영화로 제작되기도 하였다.

리보솜(ribosome) RNA와 단백질로 이루어진 복합체로서 세포질 속에서 단백질을 합성하는 역할을 한다.

06
질병 없는 세상으로
한 걸음 나아가다

정종경(鄭鍾卿) 서울대학교 생명과학부 교수

1981~1985	서울대학교 약학과 학사
1985~1987	서울대학교 약학과 석사
1989~1993	하버드대학교 박사
1993~1994	다나파버 암연구소(Dana-Farber Cancer Institute) 연구원
1995~1996	하버드대학교 의과대학 연구원
1996~현재	서울대학교 생명과학부 교수
2001~현재	창의적연구진흥사업 단장

질병 없는 세상으로
한 걸음 나아가다

"저에게는 분명한 소망 하나가 있습니다. 앞으로 10년 후부터 은퇴할 때까지 아무도 연구를 하지 않는 희귀질환이나 유전병을 연구하고 싶은 게 바로 그것입니다. 어찌 보면 이런 질병의 연구는 알츠하이머나 파킨슨병보다 훨씬 쉬울 가능성이 있지요. 그런데 이런 질병을 겪고 있는 사람들이 받는 고통은 오히려 알츠하이머나 파킨슨병보다 더할 수도 있습니다. 하지만 이런 질병에 대한 연구는 그리 활발하지 않은 게 현실입니다. 그 이유는 경제적인 가치가 없기 때문이죠. 사실 희귀질환을 연구하면 연구비를 받기가 힘들어요. 실제로 개발하더라도 경제성 또한 별로 없지요. 하지만 누군가는 반드시 해야 할 일입니다. 지금은 비록 보다 관심이 큰 연구에 몰두할 수밖에 없는 상황이지만, 10년쯤 후에는 상대적으로 연구가 취약한 질병 연구에 전념해 보고 싶습니다."

지난 2006년 6월 29일, 《네이처》에 파킨슨병의 주 발병 원인을 규명한 논문을 발표한 정종경 교수의 포부이다. 당시 그는 명성이나 학문적 성취와는 관계없이 한 사람의 과학자로서 인류에 기여하고 싶다는 희망을 피력했다.

40대 중반의 나이에 은퇴를 거론할 때는 아니지만 그는 이미 오래전부터 환자가 많지 않아 연구가 활성화되고 있지 않은 분야의 연구를 과학자로서의 최종 목표로 잡아놓고 있다. 그만큼 그는 각종 유전질환에 특별한 관심을 갖고 있다.

그로부터 1년 뒤인 2007년 5월 8일, 정종경 교수는 암 치료를 위한 표적물질을 새롭게 증명한 논문을 《네이처》에 발표하였다. 2006년에 이어 연타석 홈런을 친 것이다.

이번 논문에 정 교수가 규명한 것은 AMPK(AMP-activated protein kinase)* 효소의 항암 기능이다. 당뇨와 비만 관련 유전자로 알려진 AMPK는 세포 내 에너지 고갈 시 농도가 증가하는 AMP*라는

암 치료를 위한 표적물질을 새롭게 증명하며 《네이처》에 2년 연속 논문을 발표한 정종경 교수

물질을 인식하여 그 활성이 증가하는 인산화효소(단백질)이다.

AMPK는 다른 여러 대사 관련 효소들을 직접 인산화시켜 그들의 활성을 조절함으로써 세포 내 에너지 밸런스와 영양분 대사 조절에 중추적인 역할을 한다.

정 교수는 AMPK가 세포 구조의 유지와 염색체 개수의 보존에 반드시 필요하다는 것을 증명한 것이다. 이에 《네이처》는 그의 연구 성과의 중요성을 고려하여 속보판으로 논문을 공개하였으며, 연구의 주요 내용은 특

허 출원되었다.

베일에 가려 있던 AMPK 효소의 항암 기능을 규명하다

정 교수의 연구를 간단히 살펴보자. 그러려면 먼저 AMPK에 대해서 알아야 한다.

AMPK는 효모에서부터 사람에 이르기까지 지구상의 진핵생물이 모두 가지고 있는 중요한 유전자다. 우리 몸은 세포로 구성되어 있는데 이 세포에 에너지가 부족하면 AMPK의 기능이 올라간다.

가령 밥을 굶어서 에너지가 부족하게 되어 세포가 ATP를 새로 보충하지 못하면 세포 내에 AMP 양이 급격히 증가하게 되며, 따라서 AMPK의 기능이 활성화된다. 이 활성화된 AMPK에 의해 에너지를 사용해야 하는 신체 작동은 최대한 중단되고 대신 에너지를 만드는 대사 과정은 활발하게 돌아가게 된다. 즉 AMPK는 우리 몸의 대사가 에너지 부족 정도에 맞게 효율적으로 유지되어서 세포 속에 에너지가 충분히 있도록 조절하는 중요한 단백질이다.

AMPK가 발견된 것은 이미 수십 년 전의 일이다. 그리고 대사에 관련된 중요한 질병들, 예를 들어 당뇨병, 비만 같은 질병에 매우 중요한 기능을 할 것으로 추측되어 왔다. AMPK의 기능이 잘못되면 대사 과정에 문제가 발생하고, 결국 당뇨병과 비만 같은 질병이 생길 수 있다고 보고 있는 것이다.

그래서 현재 AMPK의 기능을 올리는 약이 당뇨병 환자 치료에 쓰이고 있으며, 전 세계의 연구진들이 보다 나은 당뇨병 치료제 및 비만 치료제 개발을 위하여 AMPK를 조절하는 신약(新藥) 개발에 많은 노력을 기울이고 있다.

정 교수가 AMPK 연구를 시작한 것도 이러한 배경에서였다. 그 역시 새로운 당뇨병 치료제 개발을 위해 이 연구를 시작했다. 정 교수는 AMPK의 기능을 더욱 잘 알면 AMPK를 표적으로 하는 더 좋은 약을 개발할 수 있을 것으로 보았다. 그런데 연구 결과는 그의 예상을 뛰어넘는 뜻밖의 것이었다. AMPK가 기존에 알려진 대사 조절에 관여할 뿐만 아니라 세포의 구조 형성은 물론 암의 발생 과정과도 연관이 있다는 결과를 얻은 것이다.

《네이처》가 서둘러 속보판을 내며 정 교수의 논문을 발표한 것은 이런 이유에서였다. 실제 정 교수의 논문에서 보여준 대장암 세포에 AMPK를 활성화시키는 물질을 처리하면 대장암 세포가 정상세포 형태로 돌아온다. 이와 같은 연구 결과는 암 연구와 치료에 일대 혁신을 가져올 만한 성과였다.

특히 과학계는 AMPK가 대사 과정뿐 아니라 대사와는 연관이 없는 것으로 알려졌던 세포의 구조 형성이나 암의 생성과도 관련이 있다는 것을 세계 최초로 규명한 것을 매우 놀라운 시선으로 보았다.

그뿐만이 아니다. 그는 실험을 위해 AMPK를 생성하는 유전자를 제거한 초파리를 만들어내는 데도 성공했다. AMPK 관련 유전자를 완전히 제거한 '동물'을 만든 것도 세계 최초의 일로, 이 역시 정 교수 연구의 중요한 성과로 인정받고 있다. AMPK 유전자가 완전히 상실된 모델동물을 정 교수가 처음으로 만들어 냄으로써 그동안 베일에 가려 있던 AMPK의 새로운 생체 기능을 밝혀줄 매우 중요한 연구 방법과 도구를 새로 만들어낸 것이다.

그동안 AMPK는 당뇨병 및 비만과 관련하여 신약 표적으로 많이 연구되어 왔으며, 실제 AMPK를 표적으로 하는 많은 약물이 국내외에서 개발 중이다.

그러나 이 연구로 AMPK가 암 치료의 표적으로 새로이 증명됨에 따라 이미 개발이 되거나 현재 개발 중인 AMPK 활성화 약물들을 항암제로서 재평가해야 할 필요가 생겼다. 그만큼 이 연구는 암과 당뇨, 비만과 관련한 연구에 새로운 방향을 제시했다.

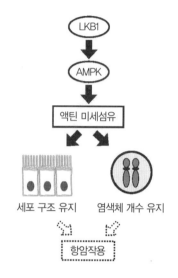

LKB1과 AMPK는 액틴 미세섬유를 조절하여 세포구조와 염색체 개수를 유지시키는 항암작용을 한다.

또한 AMPK 활성화 약물들을 항암제로 활용할 수 있는 이론적 근거를 마련함으로써 앞으로 AMPK와 관련된 질환인 암, 당뇨, 비만 등에 대한 보다 효과적인 연구가 수행될 것으로 기대되고 있다.

에너지 대사와 세포 암화를 연결시키는 결정적인 증거로 평가받고 있는 이 연구는 기초 학문적인 파급효과 또한 매우 크다. 한 예로, 몸속의 에너지 밸런스가 동물의 발생 과정에 중요한 영향을 미칠 수 있다는 것이다. 우리 몸은 정자와 난자가 합쳐진 후 복잡한 발생 과정을 거쳐 몸의 구조가 만들어진다.

정 교수의 연구 결과를 보면 AMPK가 없는 초파리는 성체로 전혀 발생하지 못하고 배아 단계에서 죽어버렸다. 따라서 동물의 발생 과정에

AMPK가 반드시 필요하다
는 것이다.

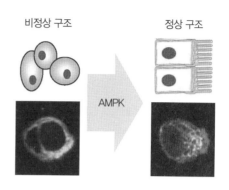

비정상 구조 　　　 정상 구조

AMPK

연구 결과 AMPK의 활성화를 통해 인간 대장암 세포
가 정상 구조로 회복되었다.

일반적으로 AMPK 활성
은 에너지가 낮으면 활성도
가 높아지고, 반대로 에너
지가 높으면 낮아진다. 그
러므로 동물의 발생 과정에
에너지 밸런스가 중요하다
는 가설을 일단 세워 볼 수 있으며, 더 나아가 에너지 밸런스 외에 AMPK
활성을 조절하는 중요한 어떤 새로운 기전의 존재 가능성도 추정해 볼
수 있다. 이러한 성과는 이 연구의 또 다른 의의라 할 수 있다.

또 하나, 이 연구는 미국의 하버드대학교와 예일대학교 그리고 영국의
케임브리지대학교 등 유수 연구진과의 경쟁을 물리치고 이루어졌다. 이
는 우리의 연구 수준이 그들과 경쟁하는 데 결코 부족함이 없다는 것을
보여준 쾌거다.

AMPK의 중요성에 따라 AMPK 자체 연구나 그 관련 연구의 범위는 상
당히 넓다. 또 세계적으로 유명한 학자들이 AMPK 연구에 관여하고 있
다. 이 분야의 저명한 학자 30~40명은 매년 학술모임을 열어 미공개의
연구물들을 놓고 서로 토의하는 등 활발한 연구 활동을 벌이고 있는데,
2008년 11월에도 AMPK 관련 유명 학술모임에 정 교수는 연사로서 공식
초청되었다.

이 모임에는 정 교수가 하버드대학교에서 처음 연구를 배우며 박사 학
위 과정에 있을 때 지도교수였던 블레니스 교수를 비롯하여 이 분야의

유명한 학자들이 총망라해 참여할 예정이다. 그런 모임에 정 교수가 초청 연사 자격으로, 그것도 1년 전부터 일찌감치 초대를 받은 것이다. 이는 정 교수의 연구 성과가 관련 분야 연구에 새로운 지평을 열었다는 것을 단적으로 보여주는 사례다.

기존의 통념을 깨고 각종 난치병 해결에 전기를 마련하다

AMPK와 같은 대사 관련 유전자들의 연구는 정 교수가 1988년 박사 과정 때부터 줄곧 관심을 가져왔던 분야이다. 하지만 AMPK에 대하여 본격적으로 연구를 시작한 것은 지난 2005년부터였다. 이 연구를 시작하고 그는 6개월에 걸쳐 AMPK 유전자가 없는 초파리 모델동물을 만들었다.

그리고 세계 최초로 얻어진 AMPK 유전자 상실 초파리를 통해 그는 AMPK가 예상했던 것과는 달리 대사를 조절하는 기능 외에도 세포 구조와 염색체 수 유지, 암화 조절에 관여한다는 것을 발견하고 증명하는 연구를 1년여에 걸쳐 수행했다.

당시 정 교수는 이 연구 외에도 파킨슨병 발병 원인을 규명하는 연구를 동시에 수행하고 있었다. 그는 보통 여러 가지 연구 프로젝트를 동시에 진행하는데, 그중 파킨슨병 관련 연구와 암 또는 대사 질병과 관련한 연구 등 두 가지를 비중 있게 연구하고 있었다. 그리고 이 두 가지 분야에서 모두 상당한 성과를 거두었다.

특히 '핑크1(PINK1)*'이라는 유전자의 첫 번째 모델동물을 세계 최초로 만들어 '파킨(Parkin)*'과 '핑크1'의 두 가지 다른 질병 유전자가 서로 같이 역할을 한다는 예상치 못한 가능성을 증명한 〈'핑크1' 유전자 상실에 의해 발생한 미토콘드리아 기능 상실을 '파킨'이 회복함〉이라는 제목의 논문은 《네이처》에 비중 있게 게재되기도 했다.

파킨슨병의 주 발병 원인을 규명한 이 논문은 파킨슨병 연구 분야에서는 이름이 전혀 알려지지 않은 무명의 젊은 과학자를 세계에 알린 일대 사건이었다.

당시 특별 논평(Mini Review)을 쓴 워싱턴주립대학교의 게놈과학학부 레오 팔랑크(Leo Pallanck) 교수는 정 교수의 연구가 파킨슨병 정복에 획기적인 진전을 가져올 것이라고 평가하며 격찬을 아끼지 않았다. 레오 팔랑크 교수는 파킨슨병 분야 연구의 선구자 중 한 사람이다. 그리고 그의 논문이 발표되자 미국과 유럽 등에서 앞다투어 공동 연구 제안이 들어오기도 했다.

이처럼 정종경 교수는 혜성처럼 등장하여 2년 연속 세계의 과학계를 깜짝 놀라게 하며 학계의 주목을 받고 있다. 세계 3대 과학 학술지인 《사이언스》, 《네이처》, 《셀》에 논문을 한 편도 게재하지 못하는 학자들이 부지기수인데 반해 1년에 한 편씩 연이어 두 편이나 발표하였다는 것은 그만큼 정 교수가 남다른 능력과 열정으로 연구에 임하고 있다는 것을 보여준다.

현재 그는 모델동물을 통해 AMPK의 또 다른 역할에 대해 규명하는 연구를 후속으로 수행하고 있다. 이를 통해 생명체, 특히 고등동물이 살아가는 데 반드시 필요한 발생 과정에 AMPK가 어떻게 관여하고 있는지 규명할 계획이다.

이와 더불어 앞으로 관련기술을 산업에 적용할 수 있는 원천기술을 확보하는 연구에도 매진할 계획이다. 그리고 현재 초파리와 인간 대장암 세포까지만 검증돼 있는 AMPK 연구를 생쥐 등 고등 실험동물에까지 확대할 생각이다.

이처럼 그는 앞으로 파킨슨병과 AMPK 연구를 실험실의 주력 연구로 지속하며 향후 몇 년 간은 이 두 가지 연구에 집중할 예정이다.

목표에 걸맞은 성취를 이루어내는 것, 그것만큼 기쁜 일은 아마도 없을 것이다. 또 자기보다 앞서 나간 선구자들이 그 성취를 인정해주고 동등하게 대우해줄 때 행복한 보람을 느낄 것이다. 그런 면에서 정 교수는 분명 세속적인 목표에는 어느 정도 도달해 있다.

그러나 그는 아직도 배고프다. 그것은 그의 연구가 끝이 없기 때문이다. 그가 하고자 하는 최종적인 목표, 즉 희귀질환 연구는 끝을 볼 수 없는 것이다. 그래서 그는 사람의 질병에 관한 연구 중 하나는 꼭 자신의 손으로 완성하고 싶다고 한다. 파킨슨병이 바로 그것이다.

그중에서 그는 적어도 유전성 파킨슨병에 대해서만큼은 상세한 메커니즘을 밝혀내는 첫 번째 사람이 되고 싶다고 희망한다. 이 질병을 치료할 수 있는 방법을 처음으로 제시하고 싶은 욕심을 가지고 있는 것이다.

이는 사람들 누구나가 가지고 있는 세속적인 욕심이 결코 아니다. 한 사람의 과학자로서 당연히 꿈꾸어야 할 소망인 것이다. 그리고 그는 끊임없는 연구를 하다보면 반드시 답을 얻을 수 있으리라 확신한다.

과학은 마술이 아니다

"공부하지 말고 놀아라!"

미래의 과학자를 꿈꾸는 과학도들에게 그가 던지는 메시지다. 서울대학교와 하버드대학교를 거쳐 현재 한국과학기술원(KAIST) 교수로 재직하고 있는, 엘리트 코스를 거쳐 온 그의 말치고는 뜻밖이다. 그러나 작금의 교육 환경을 보면 충분히 공감이 가고도 남는다.

학문의 꽃은 대학에서 피워야 한다. 대학에서 토론하고 공부하며 창의성을 키우고 새로운 가능성과 가치들을 발견해야 한다. 그런데 지금의 교육 현실은 어떤가. 공부를 잘하는 수재들은 하나같이 특목고를 목표로 하고 있고, 똑똑한 아이들은 중학교 때부터 이미 고등학교 과정은 물론 토익이니 토플이니 웬만한 과정을 마친다. 그리고 막상 대학교에 들어와서는 배울 게 없다. 아니, 이미 질린 상태라 더 이상 공부에 전심을 기울이지 않는다. 진정한 학문의 길로 들어서야 할 대학에서 공부에 매력을 느끼지 못하는 것이다.

중 · 고등학교 때부터 그렇게 훈련되다 보니 학문의 장 대학이 우리 학생들에게는 더 이상 직업학교 이상의 의미가 없다. 참으로 슬픈 현실이다. 그래서 정 교수는 미래 우리나라를 짊어지고 갈 학생들에게 공부하지 말고 놀라고 말한다. 그래야만 창의적인 인재들이 더 많이 나온다는 것이다. 그러나 현실은 그의 마음과는 다른 세상이다. 정 교수는 이를 가장 안타까워한다.

정 교수가 학생들을 엄격하게 지도하는 것은 이 때문인지도 모른다. 그는 제자들의 성공이 곧 자신의 성공이라고 믿는다. 그래서 그는 제자들의 논문이 세계 어디에도 뒤지지 않도록 매우 엄격하게 관리한다. 그렇다고 실험실을 마치 스파르타식으로 운영한다는 말이 아니다. 학생과 연구원 스스로의 책임과 자율하에 개인의 창의성이 최대한 보장되도록 실험실을 운영하지만, 혹시 책임이 완수되지 못할까 두 번, 세 번 모범을 보이고 엄격한 관리를 할 뿐이다.

정 교수는 학생들의 실험적인 테크닉이나 아이디어가 부족하면 할 수 있는 한 최대한 지도하며 돕는다. 경험이 부족해서 논문의 방향을 어떻게 잡아야 할지 모르는 경우에는 적극적으로 개입하여 매주 미팅을 가지며 상세하게 가르친다. 이후 학생이 처음 프로젝트를 만들고 전체를 구상할 단계에서는 가만히 지켜보기만 한다. 창의성을 최대한 싹틔우도록 보장하는 것이다.

보통 그의 제자들은 프로젝트를 동시에 몇 개씩 진행하는데 방향을 잡지 못하는 제자는 연구에 집중할 수 있도록 다시 이끌어준다. 그렇다고 사소한 것까지 일일이 세부사항을 챙기지는 않는다. 다만 집중력을 최고로 발휘해 연구에 몰두하게 하여 원하는 방향으로 진행할 수 있게끔 지도하는 것이다. 그러면 결과는 대체로 긍정적으로 나올 수밖에 없다.

외향적인 성격은 아니지만 비교적 긍정적인 성격을 지닌 그는 미래의 과학자를 꿈꾸는 과학도들에게 긍정적인 사고방식과 성실성을 주문한다. 이는 그 자신이 걸어온 길이면서 그의 행동방식이기도 하다. 한편 그는 우수한 인력들이 국외에서 정착하는 비율이 높아지고 있는 것도 크게 걱정하거나 개의치 않는다.

그는 지구를 하나의 덩어리라고 생각한다. 그러므로 연구자가 어디에 있든 장소는 크게 중요하지 않다고 본다. 한국인인 연구자가 미국에 있다고 해서 미국인이 아닌 것처럼 한국에서 연구를 한다고 해서 그것이 한국만을 위한 것도 아니라는 것이다. 그래서 그는 역량이 있으면 어디든지 나갈 수 있고, 또 그것이 우리 과학계의 발전에도 도움이 된다고 생각한다.

그런데 문제는 외국에 나가 있는 연구자들이 국내에 들어올 적당한 자리가 없다는 것이다. 특히 IMF 이후 교수직이나 연구직의 숫자는 거의 변화가 없을 정도로 정체되어 있는 실정이다. 사실 미국 등 외국에 나가 있는 연구자들이 국내로 돌아오지 못하는 이유는 그쪽 연구 환경이 우리보다 좋아서가 아니라 적절한 자리가 없기 때문이다. 어떤 면에서는 우리가 훨씬 더 좋은 환경을 갖추고 있는 곳도 많다.

과학은 마술 같은 것이 아니다. 마술을 부리듯 구리를 갑자기 금으로 변화시키거나 매년 꼬박꼬박 세계를 놀라게 할 성과물들을 쏟아낼 수도 없는 것이다. 과학은 뚝심 있는 정책과 지원이 계속 이어져야 근본적으로 발전할 수 있다. 즉 일관성 있는 정책과 신뢰감으로 과학자의 자리를 만들어주고, 꾸준히 밀어주어야 한다.

그러면 세계에서 우수한 성과를 올리고 있는 연구자들이 국내로 돌아오는 것은 물론 더 많은 성과들이 자연스럽게 쏟아져 나와 머지않아 우리도 노벨상 수상국 대열에 합류할 수 있을 것이다. 정 교수는 바로 이러한 환경을 기대하지만 지금의 현실은 그렇지 못하기에 안타까워한다.

질병 없는 세상, 희망을 읽는다!

'정심직행(正心直行)' 정종경 교수의 가훈이다. 풀이하면 '마음과 행동을 곧게 하라, 마음먹은 것은 바로 수행하라'는 뜻이다. 가훈처럼 그는 지금까지 자신의 길을 묵묵히 걸어왔다.

그는 화학과 생물을 좋아해서 약대에 진학했고, 분자생물학이 막 태동하던 대학 3학년 때 생명과학으로 과감히 방향을 틀고 과학자의 길로 인생의 진로를 바꾼 이래, 단 한 번도 외롭고 험난한 과학의 길로 들어선 것을 후회하지 않고 그만의 즐거움과 방식으로 자신의 연구 분야를 개척해 왔다.

미국 하버드대학교 유학 시절에는 한 번 실험을 시작하면 몇 시간이고 화장실도 가지 않고 물도 마시지 않은 채 파고들며 4년을 그렇게 실험실에서 청춘을 바쳤다. 고향이 시골이라 대학 시절 별명이 '촌닭'인 그가 하버드대학교 박사 과정 유학 1년 만에 생명과학 분야의 권위지인 《셀》에 논문을 게재하는 성과를 낸 것은 바로 이러한 노력의 산물이었다.

또한 그의 연구의 기본인 '초파리 질병모델'과 '고등동물 배양세포'를 동시에 이용하는 연구 방법은 그만의 뚝심이 이루어낸 놀라운 결과물이다. 그는 현재 10만여 종이 훨씬 넘는 세계 최대 규모의 초파리 모델동물*을 이용하여 사람의 질병에 대한 연구를 하고 있다.

사람은 30,000여 개 정도의 유전자를 갖고 있다. 그리고 초파리는 13,000여 개의 유전자가 있는데, 사람의 유전자 중에서 질병을 일으키는 유전자의 70% 이상을 초파리에서도 찾아볼 수 있다. 즉 초파리는 사람의 유전자 기능을 밝히는 데 아주 유용한 모델동물이다.

정 교수는 사람의 질병을 더욱 빠르고 다양하게 연구하기 위하여 초파리 전체 유전자 13,000여 개 각각에 대해 유전자 기능을 인위적으로 조작할 수 있게 만들어진 형질전환 초파리를 이용하여 연구를 수행하고 있다. 다시 말해서 무수히 많은 질병 유전자가 조작된 실험 모델동물을 사용하고 있는 것이다.

만약에 과학자가 되지 않았다면 지금쯤 동네 약사를 하고 있거나 제약회사를 다니는 평범한 직장인이 되어 있을 것이라며 소탈하게 웃는 정종경 교수. 그의 말처럼 그는 어찌 보면 조금은 무뚝뚝해 보이는 평범한 동네 아저씨 같다.

그러나 그는 과학을 성공의 도구로 여기지 않는 진정한 슈퍼스타다. 단지 몇 가지 업적으로 떠오른 반짝 영웅이 아니라 질병 없는 세상을 만들기 위해 어느 누구도 선뜻 할 수 없는 희귀질환 연구를 반드시 해내고야 말겠다는 꿈을 가진 우리 시대의 슈퍼스타인 것이다.

AMPK 효소의 항암 기능을 규명한 연구로 AMPK 효소가 세포대사에만 관여한다는 기존 통념을 여지없이 깨버리고, 누구도 예상하지 못했던 새로운 발견으로 세계의 주목을 받고 있는 정종경 교수. 그는 지금까지 목표한 것의 절반 이상을 이루었다고 자신 있게 말한다.

그리고 현재 수행하고 있는 파킨슨병 연구에 마침표를 찍고 싶다고 한다. 이 영역만큼은 반드시 좋은 성과를 내어 파킨슨병의 가장 중요한 연구가 자신에 의해 이루어졌다는 평가를 받고 싶다고 희망한다.

그의 이런 각오와 희망은 단순한 꿈이 아니다. 이루지 못할 희망이 결코 아닌 것이다. 언젠가는, 아니 우리가 생각하는 것보다 더 빠른 시간 안에 분명 그는 이 목표를 달성할 것이다. 질병 없는 세상을 꿈꾸는 그의 얼굴은 그래서 사뭇 비장하다. 그리고 우리는 그의 얼굴에서 인간의 염원인 질병으로 인한 고통 없는 세상과 희망을 읽는다.

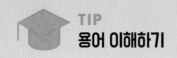

AMPK(AMP-activated protein kinase) 세포 내의 AMP 양이 증가하면 활성화되는 단백질 인산화효소로, 세포의 에너지가 부족하면 활성이 증가하여 대사 관련 효소들을 인산화하여 그들의 기능을 조절한다. 그동안 AMPK는 당뇨병과 비만 등 여러 대사질환의 치료제 개발 표적 유전자로 큰 주목을 받아왔다.

AMP 'adenosine monophosphate'의 줄임말로, 세포 내의 주에너지원인 ATP (adenosine triphosphate)가 분해되면서 나타나는 복합화학물질의 하나이다. 그리고 AMP가 세포 내에 많다는 것은 세포 내의 에너지가 부족하다는 것을 의미한다.

핑크1(PINK1) 파킨슨병 핵심 원인 유전자 중 하나로, 열성형질로 나타나는 파킨슨병의 환자 중 9%가 이 유전자에 돌연변이를 가지고 있다. 핑크1 단백질은 미토콘드리아에 존재하며, 단백질 인산화에 관여하는 효소 기능을 지니고 있다.

파킨(Parkin) 파킨슨병 핵심 원인 유전자 중 하나로, 열성형질로 나타나는 파킨슨병의 환자 중 50%가 이 유전자에 돌연변이를 가지고 있다. 파킨 단백질은 변형된 단백질을 제거하는 효소 기능을 지니고 있다.

초파리 모델동물 실험에 사용하는 대표적 동물인 초파리는 사람의 질병을 유발하는 유전자의 70% 이상을 유사하게 지니고 있으며, 4쌍의 염색체를 가지고 있다. 또한 많은 수의 자손을 낳으며, 빠른 발육기간(약 10~15일)을 가지고 있어 유전학 연구에 보편적으로 사용되고 있다. 사람의 질병 유전자와 유사한 초파리 유전자를 조작하여 손쉽고 빠르게 인간 질병 형질을 띤 초파리를 만들 수 있는데, 이를 초파리 모델동물이라 한다. 초파리는 크기가 작고 유지하는 데 적은 비용이 들기 때문에 초파리를 이용하여 인간 질병에 대한 연구를 빨리 그리고 비교적 손쉽게 수행할 수 있다.

07
선천성면역반응 활성화 메커니즘을 규명하다

이지오(李志五) 한국과학기술원(KAIST) 화학과 교수

1983~1987	서울대학교 화학과 학사
1987~1989	서울대학교 화학과 석사
1990~1995	하버드대학교 박사
2000~2001	메릴랜드대학교 볼티모어캠퍼스 교수
2002~현재	한국과학기술원(KAIST) 화학과 교수

선천성면역반응 활성화 메커니즘을 규명하다

지난 2007년 9월 7일 생명과학 최고 권위지인 《셀》에 세계의 이목을 집중시킨 논문 한 편이 게재되었다. 패혈증(敗血症)*을 유발하는 단백질인 TLR4 - MD2*의 구조를 세계 최초로 규명한 논문이었다.

그로부터 2주 후인 9월 21일, 이번에도 역시 패혈증을 유발하는 단백질인 TLR1 - TLR2 복합체의 구조 및 작용 메커니즘을 최초로 규명한 논문이 《셀》에 발표되었다.

학계의 시선을 단번에 사로잡으며 발표된 이 두 논문은 각각 다른 연구팀이 발표한 논문이 아니라 한 연구팀이 연이어 발표한 논문이었다. 평생 한 번 논문을 게재하기도 힘든 세계 최고 권위의 과학 저널에 한 달 동안 두 번이나 연이어 한 연구팀이 논문을 발표한 것이다.

그 연구팀은 바로 우리나라 연구팀이었다. 선천성면역반응이 활성화되는 메커니즘을 규명하며 세계를 깜짝 놀라게 한 한국과학기술원(KAIST) 화학과 이지오 교수 연구팀, 이들이 바로 그 주인공이다.

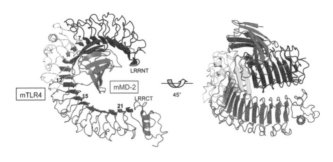

TLR4 – MD2의 구조

두 번에 걸쳐 연이어 발표한 논문을 통해 이 교수팀은 세균 및 바이러스 감염에 대한 일차적 방어를 담당하는 TLR 단백질 구조* 세개를 세계 최초로 규명하고,

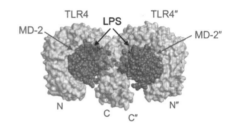

TLR4 – MD2 복합체의 예상되는 활성화된 구조

TLR 단백질 복합체가 패혈증을 유발하는 과정을 밝혀냈다.

특히 패혈증을 유발하는 박테리아 독소들에 의하여 TLR 수용체가 활성화되는 메커니즘을 세계 최초로 규명한 것은 그동안 불가능하다고 여겨왔던 난제를 명쾌하게 해결한 쾌거였다. 이는 이 분야의 연구에 돌파구를 마련한 것으로 평가된다.

불가능하다고 여겨왔던 난제를 명쾌하게 해결하다

이지오 교수팀의 연구는 선천성면역 메커니즘의 상당 부분을 규명했다는 데 의의가 있다. 그리고 한 달 동안 연이어 세계 최고 권위의《셀》에 논문이 게재되었다는 것은 세계적으로 이 연구가 얼마나 중요한지, 또 얼마나 의미 있는 성과를 담고 있는지를 단적으로 보여준다. 그만큼 이 교수팀의 연구 성과는 한국 과학의 수준이 세계 최고에 올라 있다는 것을 과시한 쾌거이다.

1993년부터 14년간 한국 연구진이 《셀》에 발표한 논문은 모두 26편이 었다. 2006년에는 6편에 불과할 정도로 《셀》에 논문을 발표하기란 마치 하늘의 별따기만큼이나 어려운 일이다. 그런데 이 교수팀은 그 어려운 일을 보란 듯이 해내며 세계의 주목을 받고 있다. 이러한 성과를 인정받아 이지오 교수는 2007년 한국과학기자협회 선정 '올해의 과학인상'을 수상하는 영예도 안았다.

서울대학교 화학과를 나와 1995년 미국 하버드대학교 생화학과에서 박사 학위를 받은 이지오 교수는 2000년까지 미국 3대 암센터로 꼽히는 '슬로언 캐터링 암센터'에서 박사후연구원 과정을 밟고 귀국한 이래 지난 2002년부터 한국과학기술원(KAIST) 화학과에서 인체 질환과 관련된 단백질 입체구조에 관한 연구를 지속적으로 수행해 왔다. 그 결과 패혈증, 천식, 고혈압, 자가면역증 등의 신약 개발에 필요한 중요한 연구 업적을 쌓아왔다.

2002년부터 패혈증의 원인물질인 내독소(内毒素, endotoxin)*에 관한 연구를 수행한 이 교수는 국내에 들어와 연구를 처음 시작한 2002년 천식 신약 후보물질 복합체 구조 규명을 시작으로 2003년에는 자가면역증 치료제인 BAFF와 BAFF 수용체 결합구조를 최초로 규명해 네이처 구조생화학지에 발표하는 한편, 고혈압 치료제인 켑토프릴, 리시노프릴과 ACE 단백질 복합체 구조를 규명해 내며 이듬해 유럽연합 생화학회지인 《FEBS

Letters》선정 '젊은 과학자상'을 수상하는 기염을 토했다. 또한 2004년에는 CD14 단백질 구조를 규명한 바 있다.

이와 같이 이지오 교수는 패혈증 유도 단백질 복합체인 TLR4 - MD2와 TLR1 - TLR2의 구조를 규명한 연구에 이르기까지 그동안 인체 질환 관련 단백질의 입체구조를 연구하며 2002년 이후 세계 최고의 과학 학술지에 관련 논문 18편을 발표하는 등 뛰어난 학술연구 활동으로 학계의 주목을 한 몸에 받으며 세계 과학계를 이끌어갈 기대주로 꼽히고 있다.

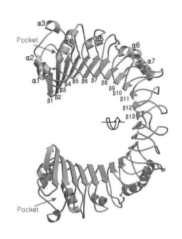

CD14의 구조. 2개의 CD14가 서로 마주보게 배열하고 있다.

선천성면역 연구 발전에 초석을 놓다

이지오 교수가 2007년 9월 21일 《셀》에 발표한 논문 〈Crystal Structure of the TLR1 - TLR2 Heterodimer Induced by Binding of a Tri - Acylated Lipopeptide〉는 선천성면역 연구 발전에 초석이 될 것으로 평가된다. 특히 패혈증 치료제 개발 등 관련 신약 개발 연구에 크게 기여할 전망이다.

사람의 면역은 '선천성 - 적응성' 2단계 시스템으로 작동한다. 우리 몸에는 면역세포가 있는데 이것은 병균이나 이물질에 맞서 싸워 우리 몸을 질병에 걸리지 않게 방어한다. 이렇게 면역체계와 질병과는 불가분의 관계에 있는 것이다. 그래서 면역체계가 제대로 작동하지 않으면 질병에 걸릴 확률과 사망률이 높아진다. 또 면역체계가 지나치게 작동하면 면역체계 때문에 사망한다. 대표적으로 패혈증은 면역체계가 지나치게 작동하여 오는 현상이다.

선천성면역(先天性免疫)*은 어떤 병원체에 대하여 태어날 때부터 가지고 있는 면역, 즉 자연면역이다. 선천성면역 연구는 지난 10년간 면역학에서 가장 활발하게 발전하였던 분야다. 적응성면역(適應性免疫)*이 백신 접종을 통한 훈련 과정과 수 주일에서 몇 달 동안의 부스팅 기간이 필요한 반면, 선천성면역은 우리 몸이 태어날 때부터 가지고 있는 면역체계여서 새로운 병원균에 대해서 즉각적인 반응을 할 뿐만 아니라 적응성면역계의 활성화 또한 유도한다.

또한 선천성면역은 바이러스 및 미생물 감염에 대한 필수적인 방어체계이다. 그러나 수술환자나 노약자와 같이 면역 조절이 미약한 경우에는 지나친 면역 반응으로 인하여 패혈증을 유도하기도 한다.

패혈증은 폐와 신장과 같은 여러 장기가 손상되고, 혈전 생성, 혈압 강하 등의 증상을 보이며, 패혈성 쇼크로 발전하면 치사율이 40% 이상이나 되는 매우 위험한 증상이다. 대부분의 암보다 발병률이 높은 패혈증은 개인위생의 발전과 항생제 투여에도 불구하고 현재 사망자 수가 꾸준히 증가하고 있는 추세이다.

그러나 패혈증은 복잡한 발생 과정과 발병 원인 때문에 효과적인 치료제가 아직 개발되지 않고 있는 실정이다. 그 발생 과정도 최근에 와서야 처음으로 밝혀지기 시작하는 단계에 머물러 있다.

풀지 못한 숙제를 간단하게 풀어낸 '융합 LRR기법'

이제 이지오 교수의 연구를 자세히 들여다보자. 그러려면 먼저 선천성 면역에 대하여 알아야 한다.

선천성면역은 한마디로 '감염을 일으킨 물질을 발견하고 제거해 버리는 빠른 반응'이다. 이 반응은 톨유사수용체(TLR : toll-like receptors)*라고 하는 한 무리 분자의 주도하에 일어난다.

적응성면역계가 수십억 개의 수용체로 구성되어 있는데 비하여 선천성 면역계는 수십 개 남짓의 소수의 수용체에 의하여 작용한다. 이들 선천성 면역 수용체들은 병원성 미생물에 존재하는 다양한 분자들의 구조적 패턴을 인식하기 때문에 '패턴수용체'라고도 부른다. 그리고 패턴수용체 중에서 핵심적인 역할을 하는 단백질군이 바로 톨유사수용체 패밀리이다.

선천성면역계의 많은 세포들이 생산해내는 TLR은 선천성면역 반응을 조절할 뿐만 아니라 적응성면역 반응에서도 매우 중요한 역할을 한다. 각각의 TLR은 질병을 일으키는 광범위한 병원체들의 필수적인 구성성분 가운데 일부를 인지하는 능력을 가지고 있다. 이러한 TLR 전체를 놓고 보면 감염을 일으키는 거의 모든 병원체를 인식할 수 있다. 그리고 TLR은 세포에서 짝을 이루어 활동하기 때문에 각기 다른 세포마다 각기 다른 조합의 TLR이 발견된다.

우리 인간은 11개의 TLR 수용체를 가지고 있다. 그리고 각 TLR들은 다양한 미생물 분자들과 결합하여 선천성면역을 매개한다. 예를 들어 TLR4는 다른 TLR들과는 다르게 미생물분자와 결합하기 위하여 MD2라고 불리는 또 다른 단백질과 결합하여 복합체를 형성하여 작용한다.

그동안 연구자들은 인체의 TLR을 확인하고 연구한 결과 상당히 많은 것들을 밝혀냈다. 그러나 각각의 TLR 기능은 밝혀내고 있지만 TLR 복합체의 구조와 작용 메커니즘은 풀지 못할 난제로 안고 있었다. 특히 TLR1 - TLR2 단백질 복합체의 결정구조를 밝혀내는 것은 불가능한 숙제로 남아 있었다.

또한 TLR과 각종 리간드(ligand : TLR과 같은 수용체 단백질에 결합하여 수용체의 활성을 조절하는 화합물이나 단백질) 결합구조는 TLR 기능을 억제하는 패혈증 신약 개발과 선천성면역계의 작동원리를 이해하는 데 매우 중요하기 때문에 오랫동안 구조생물학의 주요 연구목표였다.

이런 가운데 최초로 밝혀진 TLR 분자 입체구조는 TLR3의 구조로, 미국의 이안 윌슨(Ian Wilson) 박사 연구팀이 최초로 규명하였다. 이 연구팀은 TLR3가 말발굽 모양의 구조를 가지고 있다는 것을 처음으로 밝혀냈다.

하지만 이들이 밝힌 TLR3 구조는 결합해 있는 리간드 분자가 없었다. 그래서 TLR이 리간드의 어떠한 구조적인 특징을 이용하여 결합하는지, 왜 다른 종류의 TLR은 서로 다른 리간드와 결합하는지, 리간드 결합이 왜 TLR의 응집(aggregation)을 유도하는지에 대한 해답은 주지 못했다.

이러한 문제를 해결하기 위해서는 새로운 TLR 단백질 구조 규명이 필요한데 TLR 단백질의 생화학적인 특성상 구조 연구에 필수적인 크리스털 상태의 TLR 샘플을 얻지 못했기 때

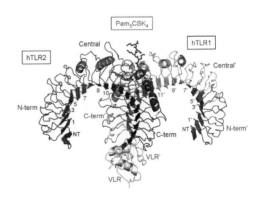

TLR1 - TLR2 지질단백질 복합체 구조

문이었다.

이 문제를 해결한 것이 바로 이지오 교수 연구팀이다. 이 교수팀은 '융합 LRR기법*'이라고 명명한 새로운 연구기법을 개발하여 그동안 안고 있던 난제를 간단하게 풀어버렸다.

세계 연구에 획기적인 돌파구를 마련한 기념비적인 성과

이 교수팀이 개발한 '융합 LRR기법'은 한마디로 반짝이는 아이디어로 얻은 쾌거였다. 누구도 생각지 못한 엉뚱한 발상으로 불가능을 가능으로 바꾼 것이다.

간단하게 정리하여 설명하면 이렇다. 이 교수팀은 패혈증 면역 단백질, 즉 TLR1 - TLR2와 TLR4 - MD2의 3차원 구조를 규명했다. 그런데 이것은 자기 모습을 잘 드러내지 않는 까다로운 단백질이다. 구조를 규명하려면 먼저 각각의 모습을 보아야 하는데 좀처럼 제 모습을 보여주지 않는 것이다. 다행이라면 모습을 보여주는 것도 있다는 것이다.

그렇다면 간단하다. 좀처럼 모습을 보여주지 않는 단백질 A가 있다. 반면 모습을 보여주는 단백질 B가 있다. 사진을 찍으면 B는 찍히고, A는 찍히지 않는다. 그러면 A와 B를 함께 놓고 찍으면 어떻게 될까? 말할 것도 없이 A와 B는 함께 찍힌다. 모습을 감추고 있던 A가 B와 결합하여 마침내 모습을 드러내는 것이다. 그리고 A를 잘라내고 B만 놓고 본다면? 당연히 B의 모습만 남는다.

그야말로 아주 간단한 예다. 이 교수팀은 바로 이런 아이디어로 융합 LRR기법을 개발해 냈다. 그러나 아주 간단하게 보이는 이 아이디어로 성과를 내기까지는 무려 5년이라는 시간을 연구에 매달려야 했다. 그냥 쉽게 툭 튀어나온 아이디어로 손쉽게 얻은 성과가 아닌 오랜 실패와 기다림 끝에 거둔 성과였던 것이다.

이 교수가 이 연구를 처음 시작한 것은 2002년 한국과학기술원(KAIST) 부임과 동시였다. 당시 그는 미국에서의 오랜 연구 활동을 바탕으로 국내에서 중요한 연구 분야를 개척하고 싶은 열정에 가득 차 있었다. 특히 면역학자이자 아내인 이혜영 박사와 함께 그는 이정표가 될 만한 연구 분야를 찾고 있었다.

그리고 2003년부터 패혈증 면역 단백질의 3차원 영상 촬영을 주요 목표로 삼고 연구에 매진하였다. 그러나 CD14*의 3차원 구조를 얻었을 뿐, TLR 자체에 대하여는 번번이 실패의 쓴잔만 들이켰다. 그 후 2006년 가을까지 거의 성과를 내지 못한 채 답보 상태에 빠져 있었다.

대략 3만 종에 이르는 사람의 단백질들은 우리 얼굴처럼 종마다 생김새가 천차만별이다. 그리고 그 3차원 구조를 알아야 단백질의 생체 내 작용을 이해할 수 있고, 나아가 신약 개발로도 이어진다.

그런데 단백질의 3차원 구조를 밝혀내는 것은 간단하고 쉬운 일이 아니다. 특히나 패혈증 면역 단백질은 연구자들의 애를 먹이는 대표적인 단백질이다. 연구는 여기서 제자리걸음을 하고 있었다.

단백질의 3차원 구조를 보려면 단백질을 결정체로 만들어 엑스선 빔을 쏜 뒤 튕겨나오는 엑스선의 빛 정보를 해석해야 하는데, 이 면역 단백질들은 엑스선 빔을 쪼이기도 전에 단단한 결정체로 만들 수조차 없었던 것이다. 이유는 단백질들이 너무 쉽게 부서지거나 끊어지기 때문이었다.

이렇듯 연구가 진척을 보지 못하고 실패를 거듭하자 연구팀은 연구 자체가 불가능하다는 생각까지 했다. 연구를 시작한 지 5년이란 시간이 흘렀으니 당연한 생각이었을 것이다. 그렇게 지쳐가고 있을 때, 연구팀의 김호민 박사와 오세철 학생이 TLR과 기능은 다르지만 비슷한 구조를 갖는 VLR(variable lymphocyte receptor, 다양한 림프구 수용체)*의 3차원 구조 영상을 얻을 수 있었다.

이 교수의 기발한 발상은 여기서 튀어나왔다. 그것은 패혈증 면역 단백질을 쉽게 결정체가 되는 VLR 단백질 조각에다 붙이면 두 단백질의 3차원 구조 영상을 얻을 수 있지 않을까 하는 것이었다. 결과는 대성공이었다. 마침내 융합단백질로 단백질 결정체를 만들 수 있었던 것이다.

2003년~2006년 8월
목표 : 패혈증 치료약물을 개발하기 위해, 먼저 패혈증을 일으키는 단백질(A)의 모양새를 규명해야 한다.
조건 : 그런데 단백질(A)는 사진 찍기를 싫어한다. 사진기 앞에 서기도 전에 부서지고 끊어진다.

2006년 8월
아이디어 : 단백질(B)는 사진 찍기를 좋아해 이미 그 3차원 모양새가 널리 알려져 있다. 단백질(A)를 사진 찍기 좋아하는 단백질(B)와 짝을 이루게 하면 둘을 한꺼번에 사진 찍을 수 있지 않을까?

2006년 8월~11월
실행 : 단백질(A)와 (B)를 융합한 인공 단백질을 만드는 데 성공한다.

2007년 3월~4월
성공 : 융합단백질을 결정체로 만들어 엑스선으로 사진 촬영을 하다. 얻은 사진에서 이미 알려진 단백질(B)의 모양을 뺀 나머지는 당연히 단백질(A)이다. 단백질(A)의 3차원 얼굴을 드디어 찾아낸다.

이지오 교수팀의 단백질 3차원 구조 연구 과정

이후 연구는 순풍에 돛단 듯 박차를 가하며 쾌속행진을 계속했다. 그리고 융합단백질 결정체에 엑스선 빔을 쏘여 그렇게 애타게 기다리던 3차원 영상을 얻어낼 수 있었다. 지극히 단순한 원리로 보이지만 누구도 시도하지 않은 아이디어로 획기적인 성과를 만들어 낸 것이다. 패혈증 면역 단백질의 구조는 이렇게 규명되었다.

이 교수는 이 기술을 '융합 LRR기법'이라 이름 붙였다. 크리스털 결정체를 구하기 어려운 TLR과 같은 단백질을 결정체를 비교적 구하기 쉬운 다른 단백질과 융합시키는 이 기술은 연구팀의 고통과 시련을 단숨에 날려버리며 그동안 세계적으로도 답보 상태에 있던 이 분야의 연구에 획기적인 돌파구를 마련하였다. 또한 새로운 면역 치료약물 개발 등 파급효과를 앞당기는 기념비적인 전기가 되었다.

현재 연구팀은 후속연구를 통해 신약 개발 등 연구 성과를 실용화하기 위한 연구에 매진하고 있다. 패혈증 사망자는 미국만 해도 연간 10만 명이 넘는다. 우리나라 소도시 하나의 인구가 매년 죽는 셈이다. 패혈증 관련 시장도 약 10억 달러 규모에 이르고 있다. 이런 상황에서 연구팀의 연구가 실용화되어 신약 출현을 앞당기면 연구의 부가가치를 넘어 인간의 생명과 관련하여 큰 의미로 남을 것이다.

또한 선천성면역 메커니즘의 상당 부분을 규명했다는 의의를 넘어 선천성면역 전반에 매우 중요한 이정표가 될 것이다. 이를 위해 이 교수는 앞으로 5년은 더 이 연구에 몰두할 계획이다.

실패에 친숙해지고, 실패를 거듭하라!

고대 그리스의 철학자이자 수학자이며 천문학자인 아르키메데스는 어느 날 왕으로부터 명을 하나 받는다. 공인(工人)에게 지시해서 만든 순금관에 불순물이 섞여 있는지 조사하여 보고하라는 것이었다. 왕의 명을 받은 아르키메데스는 고민에 빠졌다. 왕관을 깨뜨려보기 전에는 불순물이 섞여 있는지 알아낼 방도가 없기 때문이다. 몇날 며칠 방법을 찾으며 연구를 거듭했지만 도무지 해법은 찾을 수 없었다.

그러던 어느 날, 아르키메데스는 피로를 풀기 위해 대중목욕탕에 갔다. 그런데 탕 속에 몸을 들여 놓자 탕에 가득 차 있던 물이 밖으로 넘쳐흘렀다. 순간, 그의 머릿속에 어떤 영감이 스치고 지나갔다. 물 속에 어떤 물체를 넣으면 넣은 물체의 용량만큼 물이 밖으로 넘친다는 것이었다. 생각이 여기에 미치자 아르키메데스는 그 즉시 목욕하는 것도 잊어버리고 탕 속에서 뛰쳐나왔다. 그리고는 연신 "유레카(Eureka, 알아냈다)!"를 외치며 집으로 달려갔다.

집에 도착한 아르키메데스는 곧바로 실험에 들어갔다. 과연 왕관에는 불순물이 섞여 있었다. 실험은 간단했다. 금은 은보다 무겁다. 따라서 같은 무게의 금덩어리는 같은 무게의 은덩어리보다 더 많은 물을 넘치게 한다. 아르키메데스가 목욕탕에서 발견한 원리는 이것이었다.

그는 탕 속에 몸을 들여 놓자 물이 넘치는 것을 보고는 이 원리를 착안했다. 그리고 실험은 적중했다. 왕관에 불순물이 섞여 있는지 왕의 명을 마침내 풀어낸 것이다.

이 이야기는 누구나 다 알고 있는 '아르키메데스의 원리' 이야기이다. 좀처럼 풀지 못할 것만 같은 숙제를 해결한 아르키메데스의 기분은 어떠했을까? 말로는 다 표현할 수 없는 기쁨을 느꼈을 것이다. 보지 않아도 그 기분은 충분히 알 수 있다. 매번 실패의 쓴잔을 들이키면서 이렇다 할 성과를 내지 못하고 연구에 매달린 끝에 반짝이는 아이디어로 불가능을 가능으로 만들어 보인 이지오 교수의 연구 또한 이러했을 것이다.

"미국에서 돌아와 2002년 처음 연구를 시작했을 때는 모든 것이 열악하기만 했습니다. 연구를 시작하는 것이 불가능할 정도로 기반시설도 없고, 한마디로 최악의 환경이었지요. 우리나라 연구 지원은 응용과학에 70% 정도 몰려 있기 때문에 기초과학은 전반적으로 열악한 편이라 할 수 있습니다. 이런 환경에서 연구를 하자니 맨바닥에서 시작해야 했습니다. 연구원도 석사 과정 학생 2명뿐이었죠. 말하자면 모든 것을 하나하나 개척한다는 심정으로 연구에 임했습니다. 그러자 성과가 나오기 시작하더군요. 오랜 기간 심혈을 기울여 마침내 성공적으로 연구를 마쳤을 때의 기분이란 정말이지 내 인생에서 가장 빛나는 순간을 맛본 기분이었습니다. 남들이 아무도 하지 않은 연구를 시도해서 성공해 냈을 때의 성취감은 이루 말할 수 없었어요. 그 어떤 기쁨과도 견줄 수 없는 기쁨이었지요. 그리고 세계에서 불가능하다고 하는 미개척 분야에서 성과를 내었다는 보람과 자부심도 큽니다."

실패와 시련 끝에 얻은 성공이라는 달콤한 열매를 이 교수는 '내 인생에서 가장 빛나는 순간'이라 말한다. 그만큼 실패의 고통도 컸고, 성공의 기쁨도 크다는 말이다.

그는 또 말한다. "연구를 한다는 것처럼 즐거운 건 없습니다. 특히 화학은 세상에 없는 새로운 물질을 창조하는 것입니다. 그래서 매력 있고, 또 자부심을 가질 만한 학문입니다."

하루 일과의 대부분을 연구실에서 보내는 이 교수는 마치 연구를 위해서 태어난 사람 같다. 그의 조용한 성품과 내성적인 성격은 천생 과학자로 보인다.

초등학교 때부터 과학자가 꿈이었다는 이 교수는 지금은 경주시에 편입된 경상북도 안강이란 시골에서 5남매의 막내로 태어났다. 어렸을 때 아버지는 엔지니어로 일했는데 비료공장 건설에 종사했다. 그때 이 교수는 아버지를 따라다니며 비료공장 건설 현장에서 자연스럽게 화학을 접했다. 그리고 평범한 학창시절을 보내고 서울대학교 화학과에 입학, 꿈에 그리던 과학도가 되었다.

그러나 대학 입학 당시 집에서는 의대에 가기를 희망했다. 무엇 하나 빠지지 않고 공부 잘하는 아들에 대한 부모의 기대와 희망은 당연할 터. 하지만 이 교수는 어렸을 때부터 꿈꾸어 왔던 과학을 선택했다. 착실한 모범생의 선택치고는 의외였다. 그 답은 후학들에게 들려주는 그의 메시지에서 찾을 수 있다. 그는 후학들과 미래의 과학계를 짊어지고 갈 과학도들에게 "도전하고 모험하라!"고 말한다.

"저는 후학들에게 안정적인 것을 찾지 말라고 합니다. 꿈을 가지고, 도전하고, 모험하라는 것이죠. 미래가 빤한 일은 하지 말고, 미래를 개척하는 정신을 가져야 합니다. 비록 그것이 험난한 길일지라도 처음부터 포기하지 말고 끝까지 해보겠다는 정신으로 정진해야 합니다. 그리고 내가 하는 일이 세상을 이롭게 한다는 사명감을 가져야 합니다. 성공은 보이지 않고 실패만 보는 시련의 길일지라도 끊임없이 시도하고 노력해야 합니다. 그러면 어느새 눈앞에 성공이 와 있을 겁니다."

그의 말처럼 그 자신 역시 지금까지 그렇게 살아왔다. 생활은 단순하고 평범하게 살자는 생각이지만 일은 결코 단순하고 평범해서는 안 된다는 게 그의 신념이다. 남이 가지 않은 길을 개척하며 늘 새로운 시도를 하고, 어떤 위험도 무릅쓸 각오로 일을 해야 한다는 것이다. 그래서 그는 '위험하게 살자'는 학문적 신념으로 무장하고 있다. 물론 실패에 직면했을 때는 심각한 불이익과 문제가 발생할 수도 있지만 실패가 없는 한 성공도 없기에 그는 스스로 모험을 즐긴다.

젊은 후학들을 보면서 가지는 아쉬움은 바로 이것이다. 보다 안정된 일과 직장을 원하는 건 어쩔 수 없다지만 한 번뿐인 인생을 너무 쉽고 편하게 가려 한다는 것이다. 성공은 오히려 위험성이 많은 일에 있는데 당장 눈앞에 놓인 현실만 보고 안주하며 정해진 길로 가려고만 하는 후학들을 보면 안타깝다고 한다. 예측 가능한 일, 그것이 곧 실패로 가는 길이라는 것을 모른다는 것이다.

그래서 그는 도전하는 자세로 모험을 감행하라고 주문한다. 그래야만 이 성공이라는 열매를 얻을 수 있다고 강조한다. 그 자신 역시 지금까지 위험을 감수하지 않으면 반드시 실패한다는 생각으로 살아왔다.

그러나 그는 결코 부정적이지 않다. 그는 젊은 과학도들을 보면서 우리의 미래는 밝다고 단언한다. 머리도 좋고 열심히 노력하고 능력도 뛰어나다고 평가한다. 무엇보다 연구를 해보겠다는 강한 의지를 읽을 수 있어 희망적이라고 생각한다. 다만 이공계 기피현상으로 인재들이 부족하고 스승으로서 풍족하게 지원을 못 해주는 것이 아쉬울 뿐이다.

특히 화학계는 산업적으로는 매우 중요하고 발전을 거듭하고 있지만 그에 비해 기초과학의 지원은 상대적으로 적고 조금

연구원들과 실험실에서 포즈를 취한 이지오 교수. "실패에 친숙해지고, 실패를 거듭하라"는 그는 실패의 조각들이 위대한 발견이 된다고 강조한다.

은 위축되어 있다. 이런 현실이 그의 마음을 아프게 한다. 이 험난한 길을 쓰러지지 않고 걸어갈 수 있도록 해주어야 한다는 스승으로서의 고민을 안고 있는 것이다. 그래서 그는 학생들에게 엄격한 스승이 아닌 큰형님 같은 교수로 통한다. 제자들은 그를 '격의 없는 멘토'라 할 정도로 따르고 존경한다.

박사 과정부터 지금까지 단백질 관련 연구만 18년을 지속한 끝에 새로운 융합기술로 세계적으로 불가능하다고 포기하고 있던 연구를 규명해낸 이지오 교수, 그는 지금도 실패를 생각한다. 그리고 "실패에 친숙해지고, 실패를 거듭하라"고 말한다. 그러면 어느 순간 그 실패의 조각들이 위대한 발견이 되어 앞에 있을 것이라고 말한다. 이는 그 스스로 실패의 길을 걸으며 터득한 진리이다. 그는 실패의 고통이 달콤한 열매가 되는 것을 우리에게 증명이라도 하듯 멋지게 보여주었다.

지금 그는 또 다른 실패의 길을 걷고 있다. 성공 확률이 10% 정도밖에 되지 않는 인간 단백질 구조 규명을 100%까지 올리는 것. 그가 지금 걷고 있는 길이다. 학계에 꼭 남기고 싶은 연구이자 과학자로서의 분명한 욕심인 것이다. 그 길은 아마도 지금까지와는 다른 무수한 장벽들이 가로막고 있을 것이다. 어쩌면 그 장벽들은 지금보다 더 고통스럽게 그를 괴롭히며 포기하고 주저앉게 만들지도 모른다.

하지만 그는 결코 두려워하지 않는다. 성공을 위해 가는 길이 아니라 실패를 위해 가는 길이기 때문이다. 그리고 그 실패가 결국엔 성공이 될 것이라는 것을 확신하고 있기 때문이다.

패혈증(敗血症) 우리 몸이 세균에 감염되었을 때 세균이 생산한 독소에 의해 중독 증세를 나타내거나, 전신에 감염 증상을 일으키는 병을 말한다. 건강한 사람은 균이 침입하더라도 면역체계가 적절하게 반응하여 이를 막아내지만 중병에 걸려 있는 경우나 면역이 약한 신생아, 특히 수술 후 환자의 경우에는 우리 몸의 면역체계가 과도하게 반응하여 패혈증이 발병할 수 있다.

TLR4 – MD2 두 단백질 TLR4(toll – like receptor4)와 MD2의 복합체로, 대식세포 등의 세포벽에 위치한다. 그람음성균의 세포벽 성분인 지질다당류(LPS, 내독소라고도 한다)가 MD2에 결합하면 2개의 TLR4 – MD2 복합체가 결합하면서 세포 내부로 신호를 전달하여 선천 면역을 작동시킨다. 다른 TLR 단백질의 경우에는 다른 종류의 병원체와 결합하여 선천 면역을 작동시킨다.

TLR 단백질 구조 포유동물에는 약 10가지의 TLR 단백질이 있다. 이 중 TLR1 · TLR2 · TLR3 · TLR4의 경우에는 세포 외부 부분의 구조가 밝혀져 있다. 이들 네 단백질은 모두 LRR 단백질의 특징적인 말발굽 모양을 가진다. 그러나 TLR3는 평면적인 말발굽 모양을 가지는 데 비해, TLR1 · TLR2 · TLR4의 구조는 비틀린 모양을 가진다.

내독소(内毒素, endotoxin) 세균의 세포 내부에서 발견되는 독성물질을 말한다.

선천성면역(先天性免疫), 적응성면역(適應性免疫) 선천성면역이란 태어날 때부터 가지고 있는 면역체계를 말한다. 적응성면역에서는 병원체가 몸에 침입하면 그 병원체의 한 부분에 정확하게 맞는 항체가 생성되어 동일한 병원체가 다시 몸에 침입해도 그에 맞는 항체를 다시 생성하는 데 며칠의 시간이 걸린다. 이에 반해 선천성면역에서는 병원체 독소의 대강의 모양을 인식하는 수용체가 항상 있어 우리 몸에 병원체가 침입하면 몇 분 이내로 반응하여 선천성 면역을 발동시킨다. 백신과 식균작용은 대표적인 적응성면역과 선천성면역의 예이다.

톨유사수용체(TLR : toll–like receptors) 초파리의 단백질인 '톨(toll)'과 비슷한 수용체라 하여 톨유사수용체라고 부른다. 세균 및 바이러스 등의 병원체가 생체 내에 침입하면 이를 감지하여 선천성 면역체계를 활성화하면서 동시에 후천성 면역도 자극한다. 세포막에 끼어 있는 막 단백질로서, 주로 대식세포 막에 많이 발현된다. 세포 외부부분을 통해 병원체를 인식하면 세포 내부부분으로 면역체계를 활성화시키는 신호를 전달한다.

융합 LRR기법 LRR(leucine–rich repeat)이란 류신(20가지 필수 아미노산 중 하나)이 많은 펩티드로서, 여러 개의 LRR이 모여서 한 단백질 또는 단백질의 한 부분을 이룬다. 이러한 단백질을 LRR 단백질이라고 부르는데, 현재까지 500여 종 정도의 LRR 단백질이 알려져 있다. X–ray 결정학을 이용하여 단백질의 구조를 구하려면 단백질 결정을 얻어야 하는데, 결정이 잘 생기지 않는 경우가 있다. 그 단백질이 LRR 단백질인 경우, 결정을 잘 만드는 다른 LRR 단백질을 연결하여 융합 단백질을 만들면 원래의 단백질 구조를 유지하면서도 결정이 더 잘 만들어지도록 할 수 있다. 이러한 기법을 융합 LRR기법이라 한다.

CD14 LBP(LPS–binding protein, LPS 결합 단백질)로부터 지질다당류(LPS)를 받아 TLR4–MD2 복합체에 넘겨주는 역할을 하는 단백질이다. TLR과 같은 LRR 단백질의 일종으로, 역시 말발굽 구조를 가지며, LPS뿐 아니라 다른 종류의 리간드들도 운반하는 것으로 알려져 있다. CD란 'cluster of differentiation'의 약자로, 백혈구 표면에 발현되는 단백질을 분류하기 위해 쓰는 지표이다.

VLR(variable lymphocyte receptor, 다양한 림프구 수용체) 제일 하위의 척추동물인 무악류(턱이 없는 어류)에 존재하는 단백질로, 우리 몸의 항체와 같은 역할을 한다. TLR과 같이 LRR로 이루어져 있으나 대체적으로 TLR보다 작다. 적응성면역은 척추동물에만 존재하는데, VLR은 이제까지 발견된 제일 오래되고 이뮤노글로불린 구조를 사용하지 않는 유일한 적응성면역 수용체이다.

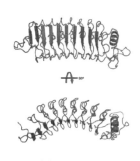

먹장어 VLR의 구조

08

식물 생체시계 메커니즘
연구의 신기원을 열다

김외연(金外漣) 경상대학교 환경생명화학과 교수

1988~1992	경상대학교 생화학과 학사
1992~1994	경상대학교 생화학과 석사
1994~1998	경상대학교 생화학과 박사
1998~2000	컬럼비아대학교 박사후연구원
2000~2008	오하이오주립대학교 박사후연구원
2007~현재	경상대학교 농화학식품공학과 교수

식물 생체시계 메커니즘
연구의 신기원을 열다

빙하의 알래스카에 빨간 장미 정원을 만들 수 있을까? 벼가 자라지 않는 곳에 벼를 심어 수확을 할 수 있을까? 또 봄에 피는 꽃을 겨울에도 피어나게 할 수 있을까? 이 모든 것들이 곧 가능할지도 모른다. 먼 미래의 꿈같은 이야기가 아니다. 어쩌면 향후 10년만 지나면 우리가 상상할 수 없는 세계가 멋지게 펼쳐질지도 모른다. 어떻게 이런 일이 가능할까?

2007년 8월 19일, 세계적인 과학 학술지 《네이처》 온라인판에 〈ZEITLUPE is a circadian photoreceptor stabilized by GIGANTEA in blue light〉라는 논문이 발표되었다. 우리말로 풀면, "자이툴룹(ZEITLUPE)*은 생체시계 조절 광수용체이며, 청색 빛을 인지하여 자이겐티아(GIGANTEA)*에 의해 안정화된다"라는 다소 긴 제목이다. 논문의 제1저자는 경상대학교 환경생명화학과 김외연 교수로, 식물의 생체시계 메커니즘 관련 연구 결과를 담고 있다.

미국 오하이오주립대학교 데이비드 소머스(David Somers) 박사와 포항

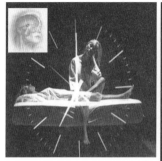

동물에서의 생체주기 조절은 뇌에 존재하는 기관에 의해 조절
되지만, 식물에서는 자이겐티아와 자이툴룹의 상호작용에 의해
조절된다.

공과대학교 남홍길 박사, 뉴질랜드 오클랜드대학교 조안나 퍼트럴(Joanna
Putterill) 박사가 참여한 이 논문에서 김 교수는 식물의 생체시계* 조절에
관여하는 유전자의 작동 메커니즘 중 하나를 규명했다.

식물의 꽃 피는 시기를 조절하는 데 중요한 역할을 하는 유전자인 '자
이겐티아'가 식물 생체시계 작동과 관련된 단백질인 '자이툴룹'에 직접 작
용한다는 사실을 세계 최초로 밝혀낸 것이다.

식물에서의 생체시계는 식물 잎의 움직임, 유전자 발현 등 다양한 생명
현상을 조절한다. 특히 식물의 증산에 중요한 발달단계인 꽃이 피고 지
는 시기를 조절하는 데에도 매우 중요한 기능을 한다. 그래서 세계의 많
은 연구진들은 그동안 식물 생체시계의 작동 메커니즘을 밝혀내기 위해
노력해 왔다.

그러나 식물 생체시계 작동에 관련된 각각의 단백질들의 기능과 역할에
대해서는 일부 규명해냈지만 그 작동 메커니즘에 대해서는 확실하게 밝혀
내지 못하고 있었다. 이런 가운데 김 교수는 자이겐티아와 자이툴룹이 상

호작용을 함으로써 식물 생체시계가 작동된다는 사실을 규명해 냈다.

자이겐티아가 식물 생체시계 광수용체인 자이툴룹의 안정화에 직접적인 역할을 한다는 사실을 밝혀냄으로써 식물 생체시계 조절 메커니즘을 완벽하게 구현할 수 있는 발판을 마련한 김 교수의 연구는 향후 농업생산성 증대에 획기적인 발전을 도모할 수 있는 것은 물론, 작물재배에 일대 혁명을 불러올 수도 있다.

이 연구가 실용화 단계에 들어서면 알래스카에 장미 정원을 만들 수도 있고, 외국에서는 피지 않는 우리 꽃도 얼마든지 심어서 기를 수 있다. 벼를 심을 수 없어 식량이 부족한 나라에서는 벼를 심어 수확을 할 수도 있고, 유전적 변이를 통해 1년에도 몇 번씩 식물이 열매를 맺도록 유도할 수도 있다. 또 환경이 다른 지역에 알맞은 작물을 생산해 낼 수도 있고, 다양한 고부가가치 작물도 얼마든지 개발할 수 있다. 이는 모두가 식물의 생체시계를 조절하면 가능하다.

인류사에 획을 긋는 식물 생체시계 메커니즘을 규명하다

"연구가 성공했다고 해서 당장 파급효과를 볼 수 있는 것은 아닙니다. 획기적인 발견을 한 것은 사실이지만 아직은 기초적인 단계의 연구를 성공한 것에 지나지 않으니까요. 하지만 세계적으로 이미 이와 관련한 연구가 활발히 진행되고 있지요. 그리고 식물 생체시계 작동 메커니즘을 밝혀낸 제 연구는 이 분야의 연구에 분수령이 될 전망입니다. 향후 20~30년 걸릴 연구를 크게 앞당겼으니까요. 앞으로 관련 연구가 성공적으로 수행되면 10년 정도 후에는 아마도 인류사에 획기적인 진전이 올 수도 있다고 봅니다."

그렇다. 김 교수의 말처럼 그의 연구는 단순한 성과가 아니다. 그의 연구 성과는 인간의 삶을 한층 더 풍요롭게 할 수 있는 계기를 만든, 그야말로 이 분야의 연구에 하나의 획을 그은 연구다. 그동안 이렇다 할 성과를 내지 못하고 있던 관련 분야의 연구를 크게 앞당기면서 이 연구 성과를 기반으로 하여 관련 연구를 가속화시키는 것은 물론, 큰 진전과 더불어 발전을 이룰 것이기 때문이다. 한마디로 김 교수의 연구 성과는 이 분야의 연구에 인도자의 역할을 톡톡히 해낼 것이다.

이제 그의 연구를 들여다보기에 앞서 생체시계에 대해 먼저 알아보자.

생체시계는 간단히 말해서 '생체 내에 내재되어 있는 생물학적 시계'를 의미한다. 동·식물의 다양한 생리, 대사, 발생, 행동, 노화 등의 주기적 리듬을 담당하는 생물학적 시계인 것이다.

우리 몸의 내부에는 일종의 시계 같은 것이 있어서 시간에 따른 인체의 생체 리듬을 주관하는데, 이를 생체시계라 한다. 사람의 체온은 밤과 낮 시간에 따라 일정하게 변하는데 이는 일정한 생체 리듬, 즉 생체시계와 같은 메커니즘이 작용하고 있기 때문이다.

예를 들어 미국으로 여행을 갔다고 하자. 이때 제일 먼저 문제가 되는 것은 시차(時差) 적응이다. 이는 시간이 바뀌어 밤과 낮이 바뀌었으니 당연히 오는 현상이다. 그러나 우리는 곧 시차에 적응한다. 그것은 바로 우리 몸의 생체시계 때문이다. 밤과 낮이 바뀌어도 몸의 생체 리듬을 조절하여 현지에 적응하게 하는 생체시계가 작동하기 때문인 것이다. 계절 변화에 따른 환경 적응도 마찬가지다. 계절이 바뀌면 저절로 적응하는 것이 아니라 우리 몸의 생체시계가 그에 맞도록 작동하기 때문에 바뀐

계절에도 적응을 하는 것이다.

이처럼 유전자를 조절하여 작동하는 생체시계가 해외여행이나 계절 변화로 인해 생기는 시차에도 스스로 새로운 환경을 인지해 시간의 오차에 적응하도록 하는 것이다.

생체시계는 인간의 경우 수면 패턴, 체온 조절, 혈압 변화 등 직접적인 조절자로서의 역할을 수행한다. 그리고 호르몬 분비량 조절에 관련된 내분비계와 면역 관련, 순환기계, 배설계 등에도 광범위한 영향을 미친다. 사람을 포함해 모든 동·식물은 24시간 주기로 회전하는 지구에서 적응하여 생존하기 위한 한 수단으로 각 생물체 내부에 생체시계를 진화시켜 왔다. 이러한 생체시계는 수면과 각성 주기, 신체 대사율, 체온, 호르몬 분비량, 혈압, 심박수, 호흡수 등 다양한 바이오리듬을 통제한다.

식물에서의 생체시계는 다양한 생명현상을 조절한다. 특히 개화(開花) 시기를 조절하는 중요한 기능을 담당하고 있다. 예를 들어 나팔꽃을 보면, 나팔꽃은 아침에 꽃을 피우고 저녁에 꽃이 지는데 이는 생체시계가 작동하기 때문이다. 24시간을 주기로 식물의 리듬을 생체시계가 조절하는 것이다.

식물은 리듬에 따라 해가 길어지는 봄에 꽃을 피우는가 하면, 해가 짧아지는 가을에 꽃을 피우기도 한다. 또 식물도 겨울이 오면 월동준비를 한다. 이는 모두가 생체시계의 작동에 따른 것이다.

그렇다면 생체시계는 언제 처음 발견되었을까? 인류 역사상 생체시계에 관한 최초의 실험을 한 사람은 생물학자가 아닌 천문학자였다. 지금으로부터 약 290년 전인 1729년, 프랑스 천문학자인 드 매랑(De Mairan)은 낮에는 잎이 피고 밤이 되면 잎이 지는 미모사라는 식물의 잎을 관찰하던 중 우연한 발견을 하게 된다.

미모사를 어두운 지하실에 갖다 놓았는데도 낮에 잎이 피고 밤에 잎이 닫히는 주기성을 보였던 것이다. 낮과 밤의 환경 변화에도 불구하고 미모사는 잎이 피고 지는 주기성을 스스로 알고 있었던 것이다. 이후 많은 연구자들이 생체시계의 신비를 풀기 위해 연구를 거듭했다. 그러나 생체시계가 유전자에 의해 작동된다는 사실이 확인된 것은 불과 30여 년 전이다.

식물의 생체시계는 1960년대 들어 처음 발견되었다. 돌연변이체를 이용해 식물의 생체시계를 연구하는 과정에서 꽃 피는 시기를 조절하는 데 중요한 역할을 하는 유전자 자이겐티아의 존재 가능성이 처음으로 제시된 것이다.

그러나 당시 이 유전자는 추출에 실패하여 실체를 확인하지는 못했다. 이후 본격적인 연구가 시작된 것은 1990년대 들어서였다. 연구의 초점은 어떠한 유전자가 생체시계를 조절하는지, 즉 유전자 기능에 대한 연구를 통해 그 메커니즘을 규명하는 것이었다. 그 결과 자이겐티아와 자이툴룹 각각의 작용과 구체적인 기능, 역할은 상당 부분 규명해낼 수 있었다. 그러나 지금까지의 연구는 걸음마 수준의 연구로, 정확한 생체시계 메커니즘은 규명하지 못하고 있었다.

미래 농업환경을 혁명적으로 바꿀 수 있는 전기를 마련하다

식물의 생체시계 메커니즘 규명이 중요한 가장 큰 이유는 식물 생체시계가 식물의 발달단계인 개화시기에 영향을 미치기 때문이다. 이는 곧 농업생산성 증진과 작물의 재배영역 확대로 이어진다. 그런 면에서 김외연 교수의 연구는 이 분야의 연구에 일대 전기를 마련한 기념비적인 성과라 할 수 있다.

자이겐티아와 자이툴룹이 상호작용을 하여 식물의 생체시계를 조절한다는 것을 규명한 김 교수의 연구는 여러 가지 면에서 의의가 높다. 우선 분자생물학적·생화학적 면에서 보면, 자이겐티아와 자이툴룹의 구체적인 작용기작을 밝힘으로써 식물의 개화시기와 일주기성을 조절하는 정확한 기작에 대한 이해를 한 단계 높였다.

또한 꽃 피는 시기를 조절하는 유전자 자이겐티아가 개화주기 조절뿐만 아니라 생체시계 조절에도 핵심적인 역할을 수행한다는 사실을 규명한 것은 매우 큰 의의를 지닌다. 그동안 식물의 일주기성에 관여하는 유전자들은 대략 10여 가지 정도 밝혀져 있었다.

그러나 이 유전자들로부터 발현된 단백질들이 서로 어떤 관계를 맺으면서 일주기성을 조절하는지에 대한 구체적인 기작은 아직 이해가 부족한 상태였다. 이러한 배경에서 나온 김 교수의 연구 성과는 미제로 남아 있던 난제 하나를 명쾌하게 해결한 것이었다.

이와 함께 김 교수는 기존에 알려져 있던 자이툴룹의 주요 생체시계 조절인자인 탁원(TOC1 : TIMING OF CAB1)* 단백질의 주기적인 분해 조절인자로서의 기능도 밝혀냈다. 그리고 자이툴룹에 존재하는 러브(LOV : LIGHT, OXYGEN OR VOLTAGE)*를 통해 스스로 청색 빛을 인지하여 자이겐티아와의 상호작용에 영향을 주고, 그 자체의 안정화에 기여하게 되는 생체시계 조절 시스템에서 특이하게 작용을 하는 새로운 광수용체(光受容體, photoreceptor)*로서의 역할도 밝혀냈다. 이러한 상호작용은 결과적으로 탁원(TOC1)의 발현량 조절에도 영향을 끼치게 되어 생체주기를 조절하게 된다.

앞서 기술한 바와 같이 김외연 교수는 이 연구를 통해 식물의 생체시계와 개화시기의 상호조절을 규명하는 데 한 발 더 다가설 수 있는 토대를 마련했다. 그리고 기초과학적 의의를 넘어 농업생산성 증진과 작물재배 영역 확대, 새로운 작물 개발 등 미래 농업 환경을 혁명적으로 바꿀 수 있는 전기를 마련했다.

이를 바탕으로 김 교수는 현재 식물 생체시계 메커니즘을 보다 상세하게 규명하기 위한 후속연구를 수행하고 있다. 즉 자이겐티아와 자이툴룹의 상호작용이 어떻게 이루어지는지 더욱 상세한 메커니즘을 규명할 계획이다.

또한 모델작물이 아닌 재배작물의 생체시계 메커니즘을 규명하여 고부가가치 작물 개발에 착수할 계획이다. 그래서 머지않은 미래에 봄에 피는 국화, 여름에 피는 동백 시대를 활짝 열겠다는 포부다.

세계가 인정한 과학자 부부

식물 생체시계 분야에서 세계적인 젊은 연구자로 주목받고 있는 김외연 교수는 1988년 경상대학교 생화학과에 입학한 이래 학부와 석·박사 대학원 과정을 모두 경상대학교에서 마친 '순수 토종 박사'이다. 경남 진주에서 태어나 미국에서 보낸 8년간의 박사후연구원 과정을 빼고는 지금까지 고향을 떠나지 않고 연구를 수행하고 있다.

그러나 그의 연구는 그 누구도 넘볼 수 없을 정도로 세계적이다. 식물 생체시계 메커니즘을 규명한 이번 연구 외에도 그는 지난 2003년부터 연이어 네 번에 걸쳐 세계적인 과학 학술지에 주목할 만한 연구 성과를 발표했다.

지난 2003년, 김 교수는 《네이처》에 자이툴룹이 식물 생체시계를 조절하는 핵심 역할을 한다는 것을 규명한 논문을 발표하였다. 이 연구는 이번 연구의 연속선상에 있는 연구로, 이번의 성과도 이 연구에서 비롯되었다. 그리고 같은 해 미국 국립과학원의 회보인 《PNAS》에도 효소로서의 자이툴룹 기능을 규명한 논문을 발표하였다.

또한 이듬해인 2004년에도 《셀》과 《플랜트 셀(Plant Cell)》에 잇달아 논문을 발표하였다. 이처럼 김 교수는 세계 최고 수준의 연구 업적을 해마다 발표하며 이 분야의 차세대 연구자로 꼽히고 있다.

또한 김외연 교수는 세계가 인정한 과학자 부부다. 김 교수의 남편 김민갑 박사 역시 지난 2005년 식물의 면역유전자 작용원리를 밝힌 연구결과를 《셀》에 발표한 바 있다. 이 논문에서 김민갑 박사는 면역기능 강화에 도움을 주는 식물의 방어 메커니즘을 규명하여 세계의 주목을 한 몸에 받았다. 김민갑 박사도 아내와 함께 경상대학교 교수로 일하고 있다.

동갑내기 부부 과학자인 이들은 경상대학교 입학 동기로 연구에 대한 희망과 고난을 함께 나누며 자연스럽게 커플이 되었고, 1996년 결혼하여 하나가 됐다. 그리고 1998년 함께 미국으로 건너가 컬

남편 김민갑 박사, 둘째 우진이와 함께한 김외연 교수. 포기하지 않고 끝까지 하면 못할 것이 없다는 그는 우직한 신념 하나로 세계 정상의 과학자로 우뚝 섰다.

럼비아대학교와 오하이오주립대학교에서 연구 활동을 수행했다. 김 교수가 자이툴룹에 대한 연구를 수행한 것은 이때부터였다. 오하이오주립대학교 박사후연구원으로 있던 2000년부터 식물 생체시계에 관심을 가지고 자이툴룹 연구를 본격적으로 시작한 것이다. "남편은 없어서는 안 될 든든한 지원자이자 우군이기도 하지만 한편으로는 경쟁자이기도 하지요. 남편은 병충해를 막는 방제 쪽 연구를 하는데 박사 과정 때부터 공동 연구를 수행하며 논문을 쓰기도 했어요. 하지만 제가 공부에 욕심이 좀 많은 편이라 남편에게 지지 않으려고 많이 노력하죠. 선의의 경쟁 같은 것이죠. 지금은 우리의 힘을 모아 청춘을 바칠 수 있는 성과를 남기기 위해 공동 연구를 개발하고 있어요. 저에게 남편은 강력한 에너지원이자 세상에서 가장 고마운 동력이에요."

남편의 근무지가 수원이라 주말부부 신세를 면치 못하고 있지만 김 교수의 남편 사랑은 애틋하고 각별하다. 그러나 김 교수는 여자라고 해서 지고 싶지는 않다고 한다. 그것은 어린 시절 가정교육과 타고난 열정에서 비롯된다.

어려서부터 과학자가 꿈이었던 김 교수는 집안의 기대를 한 몸에 받았던 6남매의 장녀다. 학창시절에는 수학과 물리, 화학을 좋아하는 욕심 많은 소녀였는데, 또래 아이들도 잘 따라 줄곧 반장을 놓치지 않은 리더십도 겸비했다. 그래서 어려서부터 다음에 커서 대학 교수가 되면 제격이라는 말을 많이 듣고는 했다.

그러나 집에서는 동생들 잘 보살피고 아버지 말씀에 순종하는 평범한 딸이었다. 어린 시절 아버지는 김 교수에게 정신적인 멘토였다. 아버지는 여자라고 해서 못 할 일이 없을 뿐만 아니라 갈수록 세상이 변화하여 앞으로는 여자가 큰 역할을 하는 시대가 올 것이라고 늘 강조했다. 그래서 여자도 능력을 길러야 하고, 안 그러면 뒤처진다는 철학을 가지고 있었다. 밥상머리 교육에서 여자로서의 가치관과 삶 등을 일찍부터 깨우쳐주고 교육했던 것이다.

그런 아버지도 착하고 공부 잘하는 큰딸이 과학자가 되기보다는 의사가 되기를 희망했다. 이유는 딱 하나였다. 과학자는 인류를 위해서는 반드시 필요한 존재지만 개인의 행복은 보장할 수 없다는 것이었다. 눈에 보이지 않는 경쟁 속에서 어쩌면 가정도 꾸리지 못하고 개인의 행복은 포기한 채 살아야 할지도 모르는 불안정한 길을 걸어가기를 원하지 않았던 것이다. 어느 부모가 자식이 평범하게 단란한 가정도 꾸리고 사랑과 행복을 추구하면서 안정적인 삶을 살길 바라지 않으랴.

그러나 김 교수가 과학의 길로 들어섰을 때 아버지는 누구보다 적극적인 후원자였다. 동기인 남편과 결혼하겠다고 했을 때도 아버지는 부부가 과학자면 오히려 서로를 이끌어줄 것이라며 굳건한 믿음을 보여주었다.

자신만의 과학적 노하우와 경쟁력으로 무장한 당찬 여성 과학자

한국 사회의 전형적인 장녀로 자라난 김 교수는 힘든 일을 하는 사람을 보면 두 팔을 걷어붙이지 않고서는 배기지 못하는 성격이다. 또 어디를 가나 사람들을 리드해야 직성이 풀린다. 친구들과 어울려 노는 것을 마다하지 않고, 운동도 좋아하고 성격도 활발해서 시간만 허락하면 대외활동도 적극적으로 할 생각이다.

어릴 때는 리틀엔젤스에 추천될 정도로 무용에 소질도 있었고, 어느 정도 연구 활동을 한 뒤에는 특기를 살릴 수 있는 사회봉사 활동에 나서고 싶은 욕심도 있다. 한마디로 타고난 억척과 뚝심으로 무장한, 2남 1녀를 둔 평범한 대한민국 아줌마다.

"미국에서 박사후연구원으로 있을 때 한 번은 이웃에서 묻더군요. 도대체 직업이 뭐냐구요. 매일 아침 일찍 출근하고 밤늦게 들어오니 궁금했던 모양이에요. 그래서 대학에서 연구원으로 있다고 하니까 깜짝 놀라며 새삼스럽게 저를 훑어보는 거예요. 그럴 만도 했어요. 연구원으로 일한다는 사람 행색이 꼭 호텔 청소부처럼 하고 다녔으니까요. 저는 원래 옷을 차려 입거나 멋을 내는 것과는 거리가 멀어서 보통 때는 늘 편안한 일상복 차림으로 다녀요. 연구에 몰두할 때는 더하지요. 그랬더니 이웃들은 제가 가난해서 매일 고된 노동을 하는 줄 알았나 봐요. 심지어는 오하이오주립대학교에 있던 5년 동안 한국인이 아니라 중국인인 것으로 착각하는 사람도 있었어요."

이웃 사람들이 호텔 청소부인 줄 착각할 정도로 자기 분야에 열정적으로 몰두하는 그의 면모를 한눈에 알 수 있게 해주는 대목이다. 그러나 썩 유쾌하지는 않다. 일에 몰입해 있는 모습을 바로 보지 못하고 겉치레만 보고 평가하는 시선과 인식이 안타깝기 때문이다. 그리고 이런 시선과 인식이 우리 사회의 능력 있는 여성들을 위축시키고 있으니, 이 얼마나 슬픈 현실인가.

"대한민국 아줌마의 힘이란 정말 파워풀해요. 한마디로 끝내주죠. 그런데 이 아줌마 부대가 제 능력을 발휘하지 못하고 있어요. 고정관념과 사회적 인식 부족 때문이지요. 이런 아줌마들의 힘과 인력이 너무 아까워요."

김 교수는 지금까지 살아오면서 가장 행복감을 느꼈을 때가 연구 성과를 내고 논문을 발표했을 때와 아이를 낳았을 때라고 한다. 그래서 능력 있는 여성 인력이 빛을 발하지 못하는 현실이 못내 아쉽다. 여성 과학자로서 아내와 어머니, 사회적 역할을 동시에 하면서 역할을 조절하는 것이 조금은 버거운 게 현실인 것이다.

미국에 있을 때는 공식적인 자리에 아이를 업고 가서 발표를 해도 되는 풍토가 조성되어 있는데 우리는 그러면 보는 눈부터 달라진다. 때로 이것은 스트레스로 작용하기도 한다. 그동안 우리 사회가 많은 면에서 환경과 풍토가 진일보하였지만 좀더 성숙하게 진보되어야 하는 이유는 바로 여기에 있다.

억만금을 주고도 살 수 없는 희열

"포기하지 않고 끝까지 하면 못할 것이 없다." 김 교수의 신념이자 좌우명이다. 그는 지금까지 이 신념으로 달려왔다. 그리고 지금 그는 세계 정상의 과학자로 우뚝 서 있다. 미래를 짊어질 청년 과학도들에게 그는 말한다. 꿈을 크게 가져라, 막연한 욕심만 갖지 말고 적극적인 욕심을 가져라. 현실에 안주하지 말고, 무엇이든 적극적으로 하라. 그리고 하려면 포기하지 말고 끝까지 하라.

그 역시 이런 정신으로 스스로의 길을 도전하고 개척해왔다. 그 결과 성공이라는 멋진 열매를 수확하고 있다. 성공이라는 열매를 따는 과정은 우리의 상상을 뛰어넘는 숱한 시련과 고통이 따른다. 어느 것, 어느 분야를 막론하고 성공은 쉽게 오지 않는다. 과학은 특히 더 그렇다. 아무도 알아주지 않는 자기와의 고독한 싸움이기 때문이다. 끝이 없을 것 같은 기나긴 노정을 외로운 마라토너가 되어 달려야 한다.

그리고 그 고통의 길을 달려가는 과학자는 결코 멋지거나 화려하지 않다. 겉으로는 멋지고 인생을 걸어볼 만한 길처럼 보이지만, 현실은 그렇지 않다. 과학을 한다는 것은, 또 과학자의 길을 걷는다는 것은 어쩌면 자신에게 주어진 행복과 인생을 송두리째 내던져야 할지도 모르기 때문이다. 삶을 버려야 비로소 성취할 수 있는 것, 그것이 과학이고 과학자의 길인지도 모른다.

그래서 과학자의 덕목은 끈기와 인내, 열정이다. 그것만이 자신과의 싸움을 이겨내게 한다. 아무리 머리가 좋고 뛰어난 능력을 갖추고 있어도 끈기와 인내, 열정이 없으면 결코 과학자의 길을 걸을 수 없다.

그러나 끈기와 인내, 열정이 빛을 발할 때 세상 어디에서도 맛볼 수 없는 희열이 찾아온다. 그 희열은 억만금을 주고도 살 수 없는 희열이다. 세상 무엇과도 바꿀 수 없는 희열, 그 희열을 지금 김외연 교수는 만끽하고 있다. 누가 덥석 안겨준 희열이 결코 아닌, 무수한 시련과 고통을 이겨내고 스스로 땀 흘려 만든 희열이다.

아이디어와 펜대가 아닌 현장에서 쌓은 연구기법과 기술 노하우로 세계 어느 연구팀도 따라올 수 없는 과학자로서의 경쟁력으로 무장한 김외연 교수. 그는 소박하고 털털하면서도 욕심 많고 억척스러운 우리 이웃의 보통 아줌마다. 그러나 그에게 한국이라는 우물은 작다. 세계로 나아가 우리 인류사에 기록될 연구를 반드시 남길 사람, 그가 바로 한국의 당찬 여성 과학자 김외연 교수이다.

지금 그는 세계로 한 걸음 발을 내딛고 있다. 그가 가는 길은 지금까지 그랬듯 결코 평탄하지 않을 것이다. 지금까지와는 다른 더한 고통과 난관이 그를 기다리고 있을 것이다. 그러나 그는 알고 있다. 그 길도 곧 희열이 될 것이라는 것을. 희열을 넘어 열락의 경지에 이를 것이라는 것을.

자이툴룹(ZEITLUPE), 자이겐티아(GIGANTEA) 식물에서 생체시계 주기 조절에 관여하는 효소(인자)를 말한다.

생체시계 생물체 내에 존재하면서 생물체의 낮과 밤 주기에 따라 나타나는 생리현상을 조절하는 시계를 말한다.

탁원(TOC1 : TIMING OF CAB1) 식물에서 생체시계 주기 조절에 관여하는 주 효소(인자)를 말한다.

러브(LOV : LIGHT, OXYGEN OR VOLTAGE) 빛·산소·전압에 대해 반응한다고 알려진 효소의 구조 중에서 직접적으로 이러한 것들에 반응한다고 밝혀진 효소의 부분을 말한다.

광수용체(光受容體, photoreceptor) 환경에서 흡수한 빛에너지를 다른 에너지로 변환시켜 생물로 하여금 일정한 기능을 갖게 하는 물질의 총칭이다.

09

장기기억 형성에 대한
주요 메커니즘을 규명하다

강봉균(姜奉均) 서울대학교 생명과학부 교수

1980~1986	서울대학교 학사, 석사
1989~1992	컬럼비아대학교 신경생물학 박사
1992~1994	컬럼비아대학교 신경생물학연구소 연구원
1994~현재	서울대학교 생명과학부 교수

장기기억 형성에 대한 주요 메커니즘을 규명하다

철수는 운전을 하며 간간이 아내 수진을 돌아본다. 수진은 어디로 향하고 있는지 모른 채 차창 밖 풍경을 내다보며 마냥 행복한 미소를 짓고 있다. 철수가 지금 가고 있는 곳은 결혼 전 아내를 처음 만났던 편의점이다. 과거에 수진은 편의점에서 콜라를 사고는 깜박 잊고 나왔다가 다시 편의점으로 들어가다 철수와 마주쳤고, 마침 철수가 들고 있는 콜라를 자신이 놓고 나온 것으로 알고 콜라를 빼앗아 보란 듯이 단숨에 들이켰다. 그 인연으로 만난 그들은 사랑에 빠졌고, 결혼으로 이어졌다.

20대 후반인 수진은 유달리 심한 건망증이 있었다. 처음에 철수는 아내의 건망증을 대수롭지 않게 생각했다. 그러나 수진의 건망증은 점점 더 심해져 직장까지 그만두는 상황에까지 이른다. 철수는 아내의 건망증이 정도를 넘어서자 수진이 진료받고 있는 병원으로 찾아가 아내가 알츠하이머병에 걸려 고통받고 있다는 충격적인 사실을 뒤늦게 알게 된다. 결국 병이 깊어진 수진은 철수 몰래 요양원으로 몸을 숨기고, 철수는 사라진 아내를 찾아 백방으로 뛰어다닌다.

그러던 어느 날 철수는 요양원에서 잠깐 기억이 돌아온 수진의 편지를
받는다. 편지는 "내 머리 속의 지우개가 기억을 하나씩 지우고 있다"는
내용이었다. 철수는 그 길로 아내를 찾았고, 마지막으로 아내의 기억을
찾아주기 위해 그들이 처음 만났던 편의점으로 아내를 데리고 간다.

영화 〈내 머리 속의 지우개〉의 한 장면이다. 영화의 결말은 어떻게 되
었을까? 수진은 철수를 처음 만났던 편의점의 추억을 기억해 냈을까? 안
타깝게도 수진은 기억하지 못한다. 다만 잠깐 기억이 돌아와 편의점에서
가슴 졸이며 기다리고 있던 아버지와 어머니를 잠시 알아보고는 살아오
는 기억들을 놓치지 않으려는 듯 뜨거운 눈물을 흘리고 만다. 그 모습을
철수는 제발 이 순간의 기억이 오래도록 수진의 머릿속에 남아 있기를
간절히 바라며 다시 사라질 수진의 행복한 날들을 눈물로 바라본다.

세계 최초로 기억력 향상 역행성 단백질을 발견하다

영화에서 주인공 수진은 알츠하이머병(Alzheimer's disease)에 걸려 있다.
알츠하이머병은 대뇌피질의 신경세포가 죽어서 대뇌의 전두엽과 측두엽
의 뇌가 위축되거나 줄어드는 퇴행성 뇌질환이다. 초로치매(初老癡呆 : 노
령 이전에 생기는 치매)의 주원인이며, 또한 노인성 치매의 주요 요인 중의
하나이다. 이 병에 걸리면 언어장애, 심한 단기 기억상실, 정신 인지 기
능의 상실에 이르게 된다. 그러나 이 병은 1906년 독일의 신경병리학자
인 알로이스 알츠하이머가 처음 발견한 이래 지금까지 뚜렷한 치료법이
거의 없는 상태이다.

그렇다면 알츠하이머병은 치료가 전혀 불가능한가? 그렇지 않을 것이다. 간단하게 생각해 보자. 우리가 흔히 치매라 부르는 알츠하이머병은 '기억'과 관련이 있다. 병의 주요 증상도 기억을 잃어버리는 것, 즉 기억상실이다. 그러면 답은 간단하다. 알츠하이머병은 기억상실을 치료하면 되는 것이다.

사람들은 누구나 건망증이 있다. 건망증이 없는 사람은 아마도 없을 것이다. 또 누구에게나 이런 경험이 있을 것이다. 우연히 어린 시절 친구를 만났다. 그런데 기억이 가물가물하다. 분명 얼굴은 알아볼 것 같은데 누구인지는 기억나지 않는다. 그러나 상대가 자신을 누구라고 이름을 밝히면 도무지 떠오르지 않던 기억들이 마치 어제 일처럼 하나둘씩 선명하게 되살아난다. 그야말로 신기한 일이다. 이 같은 현상은 사람의 기억 때문이다.

우리 몸에는 기억력을 향상시킬 수 있는 다양한 기능의 단백질이 있다. 그리고 유전자 조절이 가능한 전사인자(transcription factor)*들이 기억 능력을 조절한다. 유전자 조절을 가능케 하는 단백질들의 발현 조절로 기억력을 조절하는 것이다. 따라서 건망증은 물론 치매와 같은 질병을 치료하려면 기억력을 향상시킬 수 있는 단백질들의 기능과 메커니즘을 밝히면 되는 것이다.

그런데 원리만큼 문제는 간단하지 않다. 그것은 기억력을 향상시킬 수 있는 다양한 기능의 단백질을 그동안 발견하지 못하고 있었기 때문이다. 첨단으로 가는 현대과학에서 아직까지 이러한 단백질을 발견하지 못하고 있다는 사실이 믿기지 않지만 엄연한 현실이다. 하지만 이러한 현실도 이제는 과거가 되었다. 그리고 이 현실을 과거로 만든 사람은 서울대학교 생명과학부 강봉균 교수이다.

2007년 5월 18일 세계 최고의 생물학 관련 과학 학술지 《셀》에 매우 중요한 논문 하나가 발표되었다. 〈Nuclear Translocation of CAM – Associated Protein Activates Transcription for Long – Term Facilitation in Aplysia〉라는 제목의 이 논문은 기억력을 향상시키는 단백질을 발견했다는 논문으로, 바로 강봉균 교수가 발표한 논문이다.

이 논문에서 강 교수는 장기기억 형성에 중요한 새로운 단백질이 신경세포 내 학습신호를 핵 내로 전달하여 유전자 발현을 조절하고, 장기기억 형성을 위한 핵심적인 기능을 한다는 사실을 밝혀냈다. 즉 학습신호를 신경세포에 가할 경우 시냅스(synapse)*에서 핵으로 신호를 전달하는 역행성 '전령자' 역할을 하는 단백질을 세계 최초로 발견한 것이다. 강 교수는 이 단백질을 'CAMAP'으로 명명했다.

강 교수가 발견한 CAMAP이라는 단백질은 이전에 알려진 바가 없는

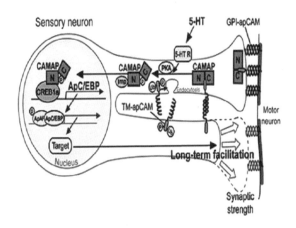

CAMAP이 신경세포에서 작용하는 역할을 나타낸 모식도. CAMAP이 학습신호인 5-HT 처리에 의해 시냅스에서 인산화되어 핵으로 이동하게 되고, 핵으로 이동한 CAMAP은 장기기억 형성에 필수적인 전사인자인 C/EBP의 발현을 유도하여 결국 장기기억이 형성될 수 있게 한다.

'기억 신호 전달' 기능을 가지고 있다. 외부 자극이 주어지면 CAMAP은 직접 핵으로 이동하여 유전자의 발현을 유도해 기억 형성에 매우 중요한 역할을 한다. 학습에 의해 외부 신호가 뇌에 들어오면 시냅스에 존재하는 PKA(protein kinase A)*라는 효소가 활성화된다.

CAMAP은 원래 세포막에 있는 신경세포 접착 단백질에 고정되어 있는데, PKA가 CAMAP을 변형시키면 접착단백질에서 떨어져 나올 수 있다. 이렇게 떨어져 나온 CAMAP은 시냅스에서 핵 내로 이동, 또 다른 장기기억 형성에 관여하는 단백질인 CREB와 결합해 장기기억 형성에 중요한 역할을 하는 유전자의 발현을 증가시킨다.

기억은 그 저장기간에 따라 단기기억과 장기기억으로 구분된다. 단기기억은 수초에서 수분 동안 저장되는 기억을, 장기기억은 하루에서 평생까지 저장되는 기억을 말한다. 단기기억은 존재하는 단백질의 변화로 유지되는 반면, 장기기억은 새로운 mRNA*나 단백질 합성을 수반하며 시냅스의 구조적 변화가 나타나 견고하게 유지된다.

지금까지 장기기억의 메커니즘은 어느 정도 규명되고는 있지만 어떤 단백질이 학습신호를 시냅스에서 핵으로 전달하는 전령자 역할을 하는지는 알려진 바가 없었다. 그러나 강 교수의 연구 결과에 의한 신호전달 메커니즘을 응용하면 기억의 형성과정을 조절할 수 있다. 그런 면에서 강 교수의 연구 성과는 치매, 정신지체 등 각종 뇌질환을 근본적으로 치료하는 방법을 찾기 위한 연구에 실마리를 제공할 수 있을 것으로 과학계는 평가하고 있다.

또한 이 연구 성과는 시냅스와 세포핵 간의 의사소통에 대한 발견이 매우 미진했던 상황에서 나온 것이라 뇌연구 분야에 하나의 돌파구가 될 것으로 기대된다. 아울러 이 연구를 기반으로 앞으로 유사한 연구 성과들이 더욱 많이 나올 것으로 전망된다. 이는 이 연구의 가치와 유용성이 매우 크다는 것을 의미한다.

기억은 어떻게 저장될까?

강 교수의 연구를 좀더 자세히 들여다보자.

뇌 속에는 뉴런이라고도 불리는 신경세포들이 있다. 그리고 이들이 서로 연결되어 정보를 교환하는데, 이 신경세포들을 연결하는 부위를 시냅스라고 한다. 뇌는 신경세포들이 끊임없이 이어져 복잡한 회로로 얽혀 있는데, 이처럼 시냅스가 뉴런을 연결해주기 때문에 회로처럼 구성될 수 있다.

예를 들어 방에 불을 켤 때 스위치를 누르면 전기회로가 연결되어 불이 들어오는 것처럼 우리 뇌도 회로가 잘 돌아가려면 시냅스가 잘 연결되어야 하는 것이다. 그러나 이 시냅스의 활동이 멈추거나 끊기면 우리 뇌에서도 회로의 기능이 멈추어 정보가 차단되고 만다. 회로가 멈추면 생각이 사라지거나 뇌가 더 이상 작업을 할 수 없게 되는 것이다.

그렇다면 기억은 어떻게 저장될까? 대부분의 학설들은 기억이 시냅스를 통해 저장된다고 주장하고 있다.

가령 사람 얼굴에 대한 정보를 예로 들면, 우리 뇌 어딘가에는 우리가 잘 알고 있는 사람들에 대한 정보가 저장되어 있는데 이 정보를 저장하기 위해서는 그 사람에 대한 회로가 구성되어야 한다. 그리고 회로를 자세히 들여다보면 시냅스로 연결된 뉴런들이 보이는데 회로가 잘 이루어져 있으면 그 사람의 얼굴이 잘 기억나도록 정보가 제대로 저장되어 있는 것이고, 반대로 시냅스가 좋지 않아서 회로가 잘 연결되어 있지 않으면 그 사람에 대한 정보가 없는 것이다.

다시 말해서 어떤 사람을 잘 아느냐, 모르느냐는 그 사람에 대한 정보를 담고 있는 회로가 어떻게 생겼느냐, 그리고 그 회로를 구성하는 시냅스의 상태가 어떠하냐에 달려 있다.

뉴런들이 서로 연결되는 양식을 들여다보면 매우 복잡하고 재미있다. 보통 하나의 뉴런은 문어발처럼 수없이 많은 발들을 뻗어서 수만 개의 뉴런과 시냅스를 만들고 있다. 이러한 뉴런은 다른 수많은 뉴런으로부터 정보를 받아들이기도 하고, 자기가 직접 다른 뉴런들에게 정보를 전달해 주기도 한다.

사람이 사회생활을 하다 보면 가족이나 친구를 통해, 또 다른 사람들과의 연결을 통해 수많은 사회적인 관계를 맺는 것과 마찬가지인 것이다. 그러므로 하나의 뉴런에 달린 시냅스는 무수히 많다. 그리고 그 하나하나의 시냅스는 어떤 뉴런을 만나 짝을 짓느냐에 따라 역할이 모두 달라진다. 비슷한 모양의 손가락 다섯 개가 조금씩 기능이 다르고 독립적으로 활동하는 것처럼 하나의 뉴런에 속한 시냅스들은 어떤 뉴런과 또 다른 시냅스를 만나느냐에 따라서 각자 독특한 자기만의 역할을 하는 것이다.

시냅스는 쓰면 쓸수록 기능이 좋아진다. 간단히 말해서 우리가 어떤 것을 기억하게 되면 시냅스의 기능이 좋아지는 것이다. 운동을 열심히 하면 근육이 점차 발달되는 것처럼 시냅스도 많이 쓰면 쓸수록 회로가 빨리빨리 돌아간다. 즉 정보전달이 빨리빨리 이뤄지는 것이다. 그러나 반대로 안 쓰면 안 쓸수록 퇴화되거나 잊혀진다.

신경세포, 즉 뉴런은 보통 세포들과는 달리 독특하게 돌기들이 있다. 또 다른 뉴런과 연결될 수 있도록 만들어져 있다. 그래서 시냅스가 더 많이 활동하고 기능이 좋아지려면 더 많이 연결되거나 구조적으로 더 커져야 한다. 그러기 위해서는 단백질들이 많이 보강되어야 한다.

단백질은 세포가 어떤 기능을 하도록 돕는 일꾼이다. 작은 음식점과 큰 음식점이 테이블 개수, 직원 수, 주방의 크기 등 규모에서 차이가 나는 것처럼 단백질의 규모에 따라 세포의 활동능력은 달라지는 것이다. 즉 시냅스는 단백질의 양이 많아지면 구조가 더욱 커지는 것이다.

그러면 시냅스 회로가 활발하게 활동하려면 어떤 작용이 일어나야 할까? 이는 매우 간단하다. 세포체에서 만들어진 단백질이 시냅스로 수송되면 되는 것이다. 이때 활동하는 것이 바로 강 교수가 발견한 CAMAP이라는 역행성 신호전달 물질이다.

CAMAP은 보통 때는 조용히 있다가 시냅스가 활성화되면 필요한 단백질을 만들어내기 위해 단백질을 생산해내는 세포로 신호를 전달하여 유전자를 자극시킨다. 그러면 유전자는 RNA라는 전사물을 만든다. RNA는 원본인 DNA의 카피본이라고 할 수 있다. 그런 다음 RNA의 정보를 해독하여 단백질을 만든다. 그리고 그 단백질이 다시 돌기를 따라 시냅스 쪽으로 와서 시냅스의 구조를 더 크게 만들어주는데, 이때 아무 단백질이나 들어오는 것이 아니라 신호전달에 필요한 기능을 하는 특수한 단백질들이 들어온다.

그동안 학계는 시냅스가 활동하게 되면 활동정보를 세포체에 알려주는 신호물질이 있을 것이라고 생각해 왔다. 그러나 그것이 무엇인지는 밝혀내지 못하고 있었다. 그런데 그것이 바로 CAMAP이고, 강 교수가 이를 발견해 낸 것이다.

이 연구에서 강 교수는 우리 뇌가 어떤 방식으로 기억하는지, 또 우리 뇌에 정보가 어떤 방식으로 저장되는지 그 과정 중 한 부분을 규명해냈다. 좀더 설명하면 CAMAP이라는 단백질이 기억을 저장하는 과정에서 매우 중요한 일을 하고, CAMAP과 다른 단백질의 차이점을 밝혀 장기기억 형성에 대한 주요 메커니즘을 밝힌 것이다.

기억 관련 질병 치료의 발판을 마련하다

장기기억 형성에 대한 메커니즘을 밝힌 이 연구는 앞으로 장기기억 촉진 약물 개발과 기억 증강제 개발에 기여할 것으로 보인다. 또한 치매 등 기억 관련 질병 치료의 발판을 마련할 전망이다. 그뿐 아니라 복잡하고 다양한 신경세포 내 신호전달 체계 연구에 시발점을 마련해 주는 성과라 평가된다.

강 교수는 현재 유전자 발현에 의해 시냅스가 좋아지는 과정을 후속으로 연구하고 있다. 기억이 저장되는 과정의 초기단계 연구를 발판으로 후속연구를 통해서 최종적인 단계, 즉 유전자 발현이 되고 나서 그 이후에 어떠한 단백질들이 만들어져서 시냅스를 최종적으로 보강하는지를 밝힐 계획이다.

지금까지는 기억이 저장되는 과정에 집중했다면 앞으로는 저장된 것이 어떻게 인출되는지에 대해서 연구할 계획인 것이다. 아무리 저장을 많이 해도 그것을 제대로 꺼낼 수 없다면 소용이 없다. 가령 얼굴은 분명히 기억나는데 이름이 혀끝에서 맴돌 때 옆에서 누가 한 글자만 가르쳐주어도 금방 이름이 기억나는 상황이 있다. 이는 분명히 저장되어 있긴 한데 그것을 끄집어내는 과정에서 혼란을 일으키는 경우이다. 이러한 인출 과정의 여러 메커니즘을 강 교수는 규명할 생각이다.

강 교수의 연구가 계획대로 이루어져 성과를 낸다면 어쩌면 미래 사회는 기억의 복원이나 삭제 같은, 영화 속에 등장하는 그런 일들이 실제로 가능하게 될지도 모른다.

흥미로운 사실 하나를 보자. 아주 오래된 옛날 일이 있다. 그런데 그 기억을 오랜 세월이 지났는데도 잊지 않고 선명하게 기억하고 있다. 이는 기억이 상당히 단단하게 잘 저장되어 있다는 얘기다. 여기서 재미있는 것은, 반대로 최근의 기억은 단단하지 못하고 손상되거나 잊혀질 가능성이 상당히 높다는 사실이다.

우리는 보통 최근의 기억은 생생하고 옛날 기억은 가물가물할 것으로 여긴다. 사고나 약물에 의해 뇌 손상을 입었을 때 뇌는 순간적으로 정지되어 그 정지된 순간의 기억을 모두 잃어버린다.

하지만 여전히 부모나 가족의 얼굴 등 아주 오래된 기억에는 아무런 문제가 없다. 뇌에 저장되어 있는 오래된 기억은 단단하게 저장되어 있지만 상대적으로 최근의 기억은 단단하지 못하다는 얘기다. 이는 뇌 기능과 기억을 저장하는 과정과 관련이 있다.

예전에 배운 것은 선명하게 기억하는데 최근에 습득한 내용은 기억이 잘 안 되는 것은 습득한 정보를 저장하는 과정에 문제가 있다는 말이다. 강 교수가 하고자 하는 연구는 바로 이에 대한 것이다. 기억이 단단하게 굳어지는 과정, 그러한 연구가 이번 연구의 최종 단계인 셈이다.

강 교수는 향후 10년 이내에 완벽하지는 않지만 일부라도 기억을 조정하거나 향상시키는 단계가 올 것이라 자신하고 있다. 이번 연구를 바탕으로 인간을 통한 연구와 다른 포유류에서의 연구가 연결되면 인간의 기억 형성과 향상에 크게 기여할 것으로 보는 것이다.

강 교수의 연구가 성공적으로 이루어진다면, 즉 기억이 어떻게 해서 단단하게 저장되는가를 규명해내면 어쩌면 우리는 많은 기억 중에서 고통스러운 나쁜 기억들을 제거할 수도 있을 것이다. 고통과 슬픔, 또는 악몽처럼 되살아나는 나쁜 기억들을 없앨 수도 있다는 말이다. 나쁜 기억은 지우고 좋은 기억은 오래도록 남길 수 있는, 기억을 선택할 수 있는 세상이 오는 것이다.

이뿐만 아니라 기억과 학습에 어려움을 겪는 치매와 건망증 등의 증상에 획기적인 해결책을 마련할 수도 있다. 그리고 이는 곧 사회 경제적으로도 큰 파장을 일으켜 부양문제 및 막대한 의료비 지출로 고통을 겪고 있는 사회와 경제에 크게 이바지할 것이다. 이를 위해 강 교수는 현재의 성과를 바탕으로 설치류 등 포유류를 이용한 연구를 지속적으로 수행할 계획이다.

영원히 풀지 못할 것 같은 미스터리에 빠져들다

강 교수가 이 분야의 연구에 처음 관심을 가지기 시작한 것은 1989년 미국의 컬럼비아대학교에 박사 과정으로 가면서부터였다. 그는 1986년 서울대학교 대학원 석사 과정을 마치고 미국으로 건너가 컬럼비아대학교에서 신경생물학을 전공했는데 이때부터 에릭 켄델(Eric R. Kandel) 교수의 지도 아래 이 분야의 연구를 지속적으로 수행했다.

지도교수인 켄델 교수는 뇌에서 기억작용이 일어날 때 뇌의 신경세포들에 어떤 변화가 일어나는지, 인간의 기억과 학습이 어떻게 가능한지를 밝혀낸 공로로 폴 그린가드, 아비드 칼슨과 함께 지난 2000년 노벨 생리학·의학상을 공동 수상한 신경생물학자이다.

　1956년 뉴욕대학교 의과대학에서 의학박사 학위를 취득한 후 국립정신보건연구소에서 포유동물의 뇌 신경생리를 연구하기 시작한 켄델 교수는 1974년 컬럼비아대학교 부임 이후 1975년 인간 행동의 생물학적 기반에 대한 통합적 연구를 수행할 목적으로 '신경생물학연구소'를 설립해 인간의 행동·지각·학습 작용의 세포적·분자적 기반을 이해하기 위한 학제간 연구를 수행했다. 강 교수는 이 연구소에서 1992년 박사 학위 취득 후 연구원으로 활동했다.

　켄델 교수는 학습·기억 작용이 일어날 때 신경세포에 어떤 변화가 일어나는지를 세포적·분자적 측면에서 분석해 냄으로써 치매 및 기억상실 등의 질환을 규명하고 치료할 수 있는 신약 개발의 가능성을 열었다. 또한 그의 연구는 과학적인 분석이 어려운 것으로 여겨져 온 기억 작용의 원리를 보다 구체적으로 이해하는 단초가 되었고, 사람의 단기기억과 장기기억이 일어나는 분자적 메커니즘의 차이를 해명했다.

　그러나 당시만 해도 복잡한 인간 뇌의 기능과 원리를 밝혀내려는 노력은 시작 단계에 있었고, 이러한 단계에서 강 교수는 신경생물학연구소 연구원으로 참여하여 뇌의 기능을 밝혀내는 데 주력했다. 이후 강 교수는 한국으로 돌아와 서울대학교 생명과학부 교수로 재직하며 거의 불모지나 다름없는 이 분야의 연구를 개척해 갔다.

　그러나 강 교수가 처음부터 생명과학을 선택한 것은 아니었다. 그는 원래 우주나 천문학 같은 자연과학에 관심이 더 많았다. 이는 그의 성장 배경에서 비롯된다.

제주도의 작은 산간마을에서 6남매의 장남으로 태어난 그는 초등학교 때 매일 1시간 거리를 걸어서 등교를 했다. 어려서는 내성적인 성격에 친구도 없이 학교를 혼자서 오갔는데 시골길을 걸으며 보는 사계절 생물의 변화가 마냥 신기하기만 했다.

그리고 그 신기한 현상들을 접하면서 자연과 생물의 현상과 변화에 대해 스스로 질문을 던졌고, 궁극적인 자연의 현상을 푸는 것이야말로 상당히 의미 있는 일이라고 생각했다. 자신도 모르게 자연스럽게 자연과학에 젖어들어 갔던 것이다.

닿을 수 없는 광활한 우주와 미지의 세계, 그리고 자연환경 속에도 우리가 모르는 많은 것들이 숨겨져 있을 것이라는 호기심은 그렇게 자연과학에 대한 관심으로 이어졌고, 대학에 들어와서는 인간 활동의 모든 핵심은 뇌에 의해서 이루어진다는 생각에 차츰 신경과학(뇌과학)에 빠져들어 갔다.

자연이나 우주를 바라보는 것도 사실은 우리의 뇌에 의해 이루어진다. 인간의 희로애락도 뇌에서 신경전달물질이 어떻게 변화되고 신경회로가 어떻게 작동되느냐에 따라서 매순간 달라진다. 그렇다면 과연 인간이 인간의 뇌를 이해할 수 있을까? 이는 어쩌면 영원히 풀 수 없는 미스터리일지도 모른다. 그 미스터리가 강 교수에게는 매력으로 다가왔다.

과학자의 덕목은 끈기와 인내다

어찌 보면 강 교수는 성장부터 지금까지 너무나도 자연스럽게 과학자의 길을 걷고 있는 것처럼 보인다. 그리고 그동안 걸어온 길에 어떤 미련이나 후회도 없다. 어려서부터 관심을 가졌던 자연에 대한 질문들을 찾아가며 생의 목표와 생활이 일체가 되어 살아가는 지금 그는 행복하다. 그런 그에게 시련은 없었을까?

그는 과학을 하는 것 자체가 시련의 연속이라고 말한다. 과학은 이미 알고 있는 것을 추구하는 것이 아니라 우리가 모르는 것을 추구하는 과정이기 때문이다. 늘 다양한 과제와 여러 가지 가설과 싸우며 끝없는 실험을 해야 하는 고난의 길인 것이다. 또 과학은 짜여진 일정에 따라 사는 계획적인 삶과는 거리가 멀다. 그러나 아무리 고난을 많이 겪어도 결과는 쉽게 얻을 수 없는 것이 과학이다.

그런 점에서 강 교수는 과학자의 덕목으로 끈기와 인내를 기본으로 꼽는다. 제아무리 천재라 해도 끈기 없이 쉽게 지치거나 포기하면 갖고 있는 뛰어난 재능을 발휘할 수 없다. 자신과의 고독한 싸움에서 이겨야만 진정한 과학자인 것이다. 거기에 새로운 것을 바라볼 수 있는 통찰력과 과감한 도전의식, 실패를 딛고 일어날 수 있는 열정, 이러한 것들이 과학자가 갖추어야 할 덕목이라고 그는 말한다.

그래서인가, 그는 만약 과학의 길을 걷지 않았다면 군인이 되었을지도 모른다고 말하며 웃는다. 내성적인 어린 시절에 비추어보면 의외의 말이다. 그러나 그는 석사장교 시절 자신도 놀랄 정도로 자기 안에 내재되어 있는 리더십을 발견했다고 한다. 또 교수 초임 시절에는 군인으로 복무해도 어울릴 것 같다는 말을 종종 듣기도 했다. 그것은 그가 원칙과 사명감을 중시하기 때문일 것이다. 후학들은 물론 스스로도 과학자의 덕목을 따르고 지키려고 하고, 목표는 반드시 성취해야 한다는 정신, 스스로의 엄격함에서 비롯된 것이다.

그러나 그가 대부분의 시간을 보내는 교수실 풍경은 사뭇 다르다. 그의 방에는 여기저기 자그마한 그림들이 소품처럼 액자로 걸려 있고, 책꽂이에는 빈 샴페인 병이 여러 개 진열되어 있다. 또 방에 들어서면 제일 먼저 등산화가 눈에 띈다.

"어릴 때는 취미처럼 그림을 그리기도 했어요. 데생을 좋아했습니다. 만화책을 빌려다가 똑같이 그리려고 연습도 자주 해보고, 고등학교 때는 미술 선생님이 재능이 있다고도 하셨어요. 그림은 내성적인 성격을 표현하는 하나의 수단이었던 것 같은데, 반 고흐의 그림을 좋아합니다. 고흐는 상당히 내성적인 사람으로 그림이 매우 거칠고 정신적인 고통도 매우 많았던 화가입니다. 자기 자신을 알지 못한 데서 오는 심적인 고통이 나에게도 꼭 전해져 오는 느낌이었어요. 특히 고흐의 힘이 느껴지는 과감한 표현법을 좋아하는데, 사실 그림을 그리는 것은 과학에 많은 도움이 됩니다. 복잡한 문제가 있으면 그것을 그림을 통해 윤곽을 만들어내고 하나씩 정리해 가거나 단계적으로 논리정연한 모식도(模式圖)를 만들어 나가는 부분에서 그림은 매우 유용합니다. 또 시약이나

학생 및 연구원들과 함께한 강봉균 교수. 사람의 기억을 제어하고 조절할 수 있는 기술을 개발하는 것이 목표인 그는 의식의 세계를 들여다보는 것이 꿈이다.

재료를 써서 하는 실험에도 그림을 그릴 때 필요한 정교한 손재주가 매우 유용하게 활용됩니다. 특히 우리가 연구하는 뉴런은 매우 작기 때문에 데생할 때의 세밀함과 정교한 기술이 더더욱 필요합니다. 이처럼 기술적으로나 정신적으로나 미술적 재능은 과학을 하는 데 많은 도움이 됩니다."

과학과 예술이 융합되어 창조로 이어진다는 그의 말은 당연하다. 일찍이 프랑스의 시인이자 비평가인 폴 발레리는 "예술과 과학은 반대 개념처럼 보이나 실제로는 불가분의 관계"라고 하지 않았던가. 이제 '논리의 좌뇌, 감성의 우뇌'라는 구분은 사라지고 있다. 과학과 예술은 상호 발전의 토대 위에서 밀접한 관계를 구축하고 있는 것이다. 그리고 풍부한 감성과 상상력을 바탕으로 한 첨단 과학기술은 인간의 예술적 영감을 현실화하고 확장하는 데 효과적인 도구가 되고 있다.

그래서인지 교수실 문 앞에 놓인 등산화는 그의 성품을 짐작게 한다. 그는 평소 산책을 즐긴다. 시간만 나면 학교를 둘러싸고 있는 관악산을 오르고 거닌다. 오솔길 같은 산길을 조용히 혼자 걸으며 스트레스도 풀고 복잡한 생각도 차분하게 정리한다. 그렇게 자연과 합일되면서 마음과 정신을 가다듬고, 영감도 얻으며 새로운 도전의지를 다진다.

"빈 샴페인 병은 좋은 논문이 나오거나 축하할 일이 있으면 학생들과 함께 자축한 것입니다. 일종의 세리머니죠. 놓여 있는 병수만큼이 그간 생긴 좋은 일들인데, 지금 보니 꽤 되는군요."

책꽂이 한쪽을 장식하고 있는 샴페인 병에 대해 설명하며 잔잔하게 웃음 짓는 그의 얼굴이 평화롭다. 세어보니 열 병 정도 되는 것이 그동안 제자들과 자축한 일이 많았음을 알 수 있다. 밤새워 연구하고 노력한 끝에 얻은 값진 열매를 앞에 두고 서로가 한마음으로 축하하고 격려하는 모습이 눈에 보일 듯 선하게 그려진다. 과학자의 책꽂이에는 어울리지 않을 것 같은 빈 샴페인 병들, 이보다 더 아름다운 그림이 또 있을까.

보이지 않는 현상을 끊임없이 들여다보라

장기기억 형성에 대한 주요 메커니즘을 밝히며 뇌연구 분야에 전기를 마련한 강봉균 교수, 그는 지금 생애 최고의 순간을 맞고 있는 것처럼 보인다. 하지만 그것이 지금 뭔가를 이루었기 때문은 아니다. 그는 말한다. 지금은 무엇을 달성하기 직전의, 달성할 가능성이 가장 많은 때인 것 같다고.

"물론 동시에 안 될 수도 있는 가능성도 있지요. 그러나 한편으로는 안 될 수도 있다는 초조감 때문에 더욱 많은 기대를 하게 됩니다. 당연하게 이뤄지는 것이라면 어느 누가 기대를 할까요? 될 수도 있고 안 될 수도 있지만 될 가능성이 좀더 많다고 여겨질 때, 그 기대감이 행복을 주는 것 같습니다. 저는 지금이 그런 때인 것 같습니다."

그의 말 속에는 현재의 성과를 바탕으로 후속연구에 대한 자신감이 넘쳐 난다. 그가 원하는 결과를 꼭 얻을 수 있을 것 같아 마음 든든하다. 그런 그가 바라는 한국 과학계에 대한 희망사항은 무엇일까?

그는 우수한 학생들이 좀더 많이 과학에 관심을 가져주기를 바란다. 단순히 사회적 지위나 생활 때문에 의사나 변호사 같은 직업을 선택하지 말고 비록 어렵고 험난한 길이지만 과학에 더 많은 관심을 가져 우수한 인재들이 과학계에 많이 들어오고 그것이 계속 이어져서 세대 간에 교체가 원활해야 한다고 생각한다. 그것만이 한국 과학이 발전하는 밑거름이라고 그는 믿는다. 또 과학은 온몸을 던져 불사를 수 있을 만큼 충분히 매력적이라고 확신한다.

그래서 그는 미래의 과학자를 꿈꾸는 젊은 과학도들에게 지금 바라보고 있는 것이 전부가 아니라고 말한다. 우리가 바라보지 못하고 있는 무언가가 있다는 것, 그리고 그 무언가를 찾기 위해 끊임없이 노력하려는 자세를 가지라고 당부한다. 남들이 바라보는 것만큼의 시야로는 새로운 진리나 사실을 밝힐 수 있는 역량을 갖출 수 없다는 것이다.

당연한 것에도 항상 '왜?'라는 질문을 던지고, 눈에 보이지 않는 현상을 들여다보는 자세, 그러한 지적 추구 과정이야말로 세상에서 가장 아름다운 과정이라고 말한다. 그리고 이처럼 아름다운 과정을 거쳐야만 비로소 훌륭한 과학자가 될 수 있고, 과학이라는 신비한 비밀의 문을 열 수 있다고 한다.

그런 면에서 그는 청소년들에게《칼 세이건 : 코스모스를 향한 열정》이란 책을 꼭 읽어보라고 추천한다.

"《코스모스》의 저자인 미국의 천문학자 칼 세이건의 면모를 볼 수 있는 책입니다. 가볼 수도 없고 만질 수도 없고 상상에 의해서만 이해를 해야 하는 대상에 대해서 과학자의 본성을 가지고 탐구하고, 그 결과들을 일반인들에게 전하며 과학자로서의 훌륭한 면모를 보여주고 있지요. 가령 외계에 생명체가 있다면 어떻게 증명할 것인지는 상당히 어려운 문제입니다. 하지만 다소 황당한 이런 질문이 인류에게 던져주는 의미는 참 큽니다. 그러한 질문에 대한 답을 찾는 데 일생을 바친 과학자가 과학의 힘이 얼마나 큰 것인지를 보여주었다는 점에서 훌륭한 책이지요. 꿋꿋이

자기의 길을 가면서 자기만의 영역을 구축했다는 자체만으로도 의미 있는 것 같습니다."

의식의 세계와 혼(魂)의 실체를 과학적으로 들여다본다

젊은 과학도들을 대하는 눈이 긍정적인 강 교수는 우리 젊은 세대의 경쟁력을 높게 산다. 또 우리 과학자들은 세계적으로도 매우 우수하다고 생각한다. 거기에 성실성과 근면성, 힘들고 고통스러워도 불평보다는 어떻게 해서든지 해결해보겠다는 미덕은 어느 나라도 따라오지 못한다고 믿는다. 자그마한 불이익도 견디지 못하고 더 좋은 결과를 기다릴 줄 아는 끈기도 다른 나라들에 비해 매우 뛰어난 경쟁력을 갖추고 있다는 것이다.

실제로 미국의 실험실을 들여다보면 연구의 최전선에 있는 사람들은 거의가 동양인들이다. 이들은 근면하고 꼼꼼하며 머리가 좋다.

그러나 한 가지 강 교수가 아쉬워하는 부분이 있다면 그것은 세계화이다. 과학은 모든 인류에게 인정을 받아야 하는 세계적인 활동이다. 과학은 인류에 새로운 보따리를 풀어주는 것인데, 인류는 그 안의 내용물을 이해하고 감상할 줄 알아야 하며, 그것을 기존에 없었던 새로운 발견으로 인정해주고 알아주어야 한다. 이를 이루기 위해서는 세계와의 활발한 교류가 있어야 한다. 그리고 이러한 교류는 교수나 과학자뿐 아니라 학생들에게도 필요하다.

세계적인 감각을 갖고 동등한 입장에서 어깨를 나란히 하고 있다는 자부심을 가질 때 더욱 큰 성과를 얻을 수 있다고 강 교수는 믿는다. 한국

과학의 위상이 세계적으로 높아지고 있는 이때 우리가 가진 훌륭한 조건들이 세계화를 통해 잘 발현되면 한국 과학은 더 한층 도약할 거라고 그는 확신한다.

또한 우리 과학의 세계화를 위해서는 기초과학에 좀더 많은 투자를 해야 한다고 말한다. 비록 기초과학이 10번 시도해서 9번은 실패하지만 단한 번의 성공적인 결과가 세계적인 업적이 되고, 그것으로부터 새로운 분야가 파생되고 새로운 기술이 개발되어 실생활에 널리 쓰이게 되는 일들이 순차적으로 발생하기 때문이다. 즉 가장 처음 물꼬를 트는 사람들은 기초과학을 하는 과학자들인 것이다. 그러므로 국력을 키우기 위해서라도 더 많은 지원과 투자가 확대되어야 한다고 말한다.

연구를 할 수 있을 때까지 자신의 열정을 모두 실험실에 쏟겠다는 강봉균 교수. 그는 지금까지 살면서 가져온 궁극적인 질문들에 대해 건강이 허락하는 날까지 그 해답을 얻겠다고 한다. 그것만이 과학자인 자신에게 주어진 사명이자 국가의 지원에 대한 보답이라고 그는 생각한다.

그러나 그는 결코 서두르지 않는다. 그는 늘 마음속으로 비록 뜻하는 바대로 진행되지 않거나 주변 환경이 실망을 안겨주어도 조급함을 버리고 조금 더 기다릴 줄 아는 여유를 갖자고 생각한다. 참고 인내하는 여유만이 자신이 하고자 하는 연구를 모두 수행하게 하는 동력이라는 것을 그는 잘 안다. 그래서 그는 아무리 상황이 어렵고 고통스러워도 더 좋은 결과를 보기 위한 과정일 뿐이라고 낙관적으로 생각하고 믿는다.

사람의 기억을 제어하고 조절할 수 있는 기술을 개발하는 것이 목표인 강봉균 교수. 그는 비록 목표에 다다를 수 없을지라도 거기에 필요한 기본적인 틀은 꼭 완성하리라 희망한다.

그리고 한 걸음 더 나아가 우리가 우리 스스로를 어떻게 의식하고 있는지를 풀어보고 싶다고 한다. 즉 의식의 세계를 들여다보는 것이 그의 꿈이다. 뇌를 연구하는 학자들의 궁극적인 꿈인 의식의 문제에 관한 답을 찾아내고 싶은 것이다.

그래서 나 자신이 어떻게 나 스스로를 인식할 수 있는지, 또 '혼(魂)'의 실체는 무엇인지 과학적으로 해명하고자 한다. 그리고 그 해답을 얻지 못한다 할지라도 그가 연구한 결과들을 집대성해서 자신만의 마지막 작품을 꼭 만들고야 말리라 희망한다.

전사인자(transcription factor) 유전자의 전사작용에 관여하는 단백질이다. DNA에 저장된 유전자는 mRNA의 형태로 만들어져 단백질을 생성하게 하는 역할을 한다. DNA 에서 mRNA가 생성되는 과정을 '전사'라고 하는데, 전사를 정확하게 조절하기 위해 전사를 조절하는 단백질 전사인자를 생성하여 DNA에서 mRNA로의 전사를 조절한다. 이 전사인자는 DNA 염기서열에 존재하는 프로모터라는 부분에 붙어 전사과정을 조절한다.

시냅스(synapse) 우리의 뇌는 뉴런(neuron)이라고 불리는 신경세포로 이루어져 있는데, 뉴런은 다른 뉴런과의 연합을 이루고 있다. 그리고 이 뉴런 사이 연합의 간극을 시냅스라고 한다.

PKA(protein kinase A) PKA는 세포 내에 있는 CAMP에 의해 다른 단백질을 인산화시키는 효소를 일컫는 말이다. CAMP는 '2차 전달자'라고 불리며, 외부의 자극에 반응하여 자극 수용체가 만들어낸 세포 내 신호이다. CAMP에 의해 활성화된 PKA는 단백질을 인산화시킨다. 인산화는 단백질의 활성을 조절하는 대표적인 방법 중 하나이며, 인산화를 통해 단백질에 공유 결합된 인산기는 강한 음전하를 띠고 있어 단백질의 활성을 조절할 수 있다.

mRNA mRNA는 DNA와 단백질 사이를 연결하는 역할을 한다. mRNA는 메신저 RNA 라고도 불리는데, DNA의 정보가 담고 있는 메시지를 단백질을 생성하는 세포 내 장치로 전달해주어 세포 내 현상을 직접 조절하는 단백질을 만드는 역할을 한다.

10
'맞춤약물요법' 임상실현의
발판을 마련하다

오정미(吳貞美) 서울대학교 약학과 교수

1984~1989   텍사스대학교 오스틴캠퍼스 학사
1993~1996   메릴랜드대학교 볼티모어캠퍼스 박사
1999~2004   숙명여자대학교 교수
2004~현재   서울대학교 약학과 교수

'맞춤약물요법' 임상실현의 발판을 마련하다

유전자의 특성은 사람마다 다르다. 그래서 동일한 용량의 동일한 약을 같은 방법으로 환자에게 투여해도 환자에게 나타나는 효과가 다르다. 또한 약물에 대한 이상반응도 환자마다 다르게 나타난다. 그러나 유전자가 다르기 때문이라는 것만 알 뿐 그동안 정확한 원인은 알 수 없었다. 그러므로 환자마다 다르게 반응하는 이 생체 메커니즘을 정확히 알 수 있다면 적절한 치료에 큰 도움이 될 것이 분명하다.

최근 이 문제에 대한 큰 진전이 있었다. 항암제 등을 투여하기 전에 환자에게 적합한지 여부를 사전에 검사해 투여할 수 있는 방법이 국내의 한 의학자에 의해 발견된 것이다. 그 주인공은 서울대학교 약학과 오정미 교수이다.

오정미 교수는 미국 국립보건원 산하 국립암연구소 연구팀과 함께 세포막에 존재하면서 약물을 나르는 약물수송 담당 단백질인 P-글라이코프로틴(P-glycoprotein)*이 다제약제 내성인자인 MDR-1(Multidrug

Resistance - 1)이라는 유전자의 특정변이에 따라 증가하기도 하고 감소하기도 한다는 것을 밝혀냈다.

약물수송 유전자의 변이에 대한 기전을 밝히다

P-글라이코프로틴은 막 수송 단백질의 하나로 장·간·신장 근위부 세관, 뇌혈관 장벽을 감싸는 내피세포를 포함한 여러 세포에 넓게 분포되어 있으며, P-글라이코프로틴에 의해 수송되는 기질약물들을 세포 밖으로 배출시켜 약물의 장관 내 흡수, 조직으로의 분포 및 배설을 조절하는 데 중요한 역할을 하는 약물수송체이다.

따라서 장관 내의 P-글라이코프로틴 발현 증가는 기질약물의 흡수를 제한하여 약물의 흡수를 저하시키고, 신장 및 간세포 내의 P-글라이코프로틴 발현 증가는 약물의 배설을 촉진함으로써 약물의 효과를 감소시킬 수 있다. 반대로 P-글라이코프로틴의 발현 감소는 관련 약물의 흡수를 증가시켜 약물로 인한 독성을 유발할 수 있다.

P-글라이코프로틴은 MDR-1이라는 유전자에 의해 암호화된다. 최근에는 이 MDR-1 유전자의 단일염기다형성(SNPs)으로 대변되는 유전자적 이질성이 P-글라이코프로틴의 발현 정도 및 기능에 변화를 유발하여 P-글라이코프로틴의 기질인 약물들의 효과 및 이상반응의 다양성을 결정하는 중요한 인자로 인식되고 있다.

좀더 쉽게 설명해 보겠다. P-글라이코프로틴은 약물을 세포 밖으로 배설하는 일종의 펌프 구실을 하는 단백질이다. 장에서 이 단백질이 증가하면 약물 흡수력을 떨어뜨리고, 간이나 신장 등에서 증가하면 약물 배설을 촉진해 약물 효과를 감소시킨다. 반대로 이 단백질이 감소하면 약물 흡수를 증가시켜 독성을 일으킬 수도 있다.

이처럼 P-글라이코프로틴 단백질은 그 증감에 따라 약물의 효과에 여러 영향을 미친다. 그래서 이 단백질의 증감을 인위적으로 조절할 수 있다면 환자의 치료에 큰 도움이 될 수 있다.

오 교수의 연구 초점은 바로 거기에 있었다. 그리고 MDR-1 유전자의 특정한 세 부위에 동시에 변이가 생기면 이 단백질 생성에 영향을 주며, 항암제, 면역억제제, 고혈압 약 등의 효과와 밀접한 관계가 있다는 사실을 밝혀냈다. 이는 인체의 약물 흡수력에 영향을 주는 유전자가 어떻게 변화하는가 하는 메커니즘을 발견한 것이다.

"이 연구의 의미는 약물을 수송하는 유전자의 변이가 어떻게 일어나는지 기전을 밝힌 것으로, 이 연구 결과를 활용하면 사전 검사를 통해 유전자에 이런 변이가 있는 환자에게 특정 약물 투약을 조절할 수 있습니다." 라고 오 교수는 말한다.

이 연구의 의의는 약물을 투여하기 전에 환자에게 적합한지 여부를 사전에 검사하여 투여할 수 있는 '맞춤약물치료*' 방법을 개발했다는 것이다. 다시 말해서 이번 연구 결과를 활용하면 사전 검사를 통해 유전자에 변이가 있는 환자의 경우 투약물이 해로운지, 이로운지를 알게 되어 특정 약물의 투약을 조절할 수 있다. 환자 개개인의 유전자형에 따른 약물의 반응 및 이상반응을 예측하여 적절하게 투약하는 맞춤약물요법의 발판을 마련한 것이다.

"앞으로 임상시험 등을 거쳐서 맞춤약물요법을 개발하면 환자 개개인의 유전자형에 따른 약물의 반응 및 이상반응을 예측해 적절하게 투약할 수 있게 될 것입니다."

이러한 성과를 거둔 이 연구는 〈A Silent Polymorphism in the MDR1 Gene Changes Substrate Specificity(기질 특이성의 변화를 유발하는 MDR1 유전자의 침묵변이)〉라는 제목으로 2007년 1월 《사이언스》에 게재되었다.

암치료에 획기적인 진전을 가져올 기반연구

'맞춤약물요법'의 임상 실현에 새로운 도약의 계기를 마련한 오 교수팀의 연구를 조금 더 자세히 알아보자.

환자에게 약을 투여하게 되면 위장에서 체내로 흡수된다. 흡수된 약물은 각 조직으로 분포가 되고, 이어서 간에서 신진대사가 이루어지고, 신진대사 후 심장이나 장 쪽으로 배설이 된다.

이렇게 약이 투여되고 나서 그 약이 흡수되는 과정에 중요한 역할을 하는 것이 약물수송체라는 단백질이다. 그런데 이 단백질을 만드는 데에 중요한 역할을 하는 MDR-1이라는 유전자가 있다. 이 MDR-1 유전자는 흔히 30군데에 걸쳐 유전자 변이*를 하게 되는데, 그 30군데에서 다 중요한 게 아니라 그중 몇 군데에서 주로 중요한 역할을 한다.

이제까지 알려진 바로는 인종간의 차이는 있지만 특히 exon 12 (C1236T), 21(G2677T/A), 26(C3435T)에서 가장 많이 발현되고 있다. 다시 말해 exon 12, 21, 26 유전자 변이가 어떻게 되는가에 따라 인체 내에서 약물의 반응에 차이가 난다.

오 교수팀은 이런 유전자 변이가 있는 세포를 가지고 약물이 세포 내에서 얼마나 체내 축적이 되고 펌프(배설)가 되는지를 연구해 왔다. 그렇다

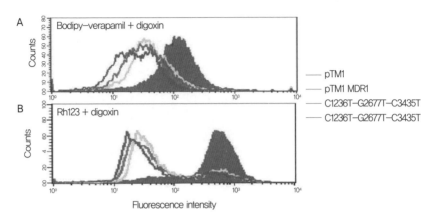

대립형(wild type)과 2개의 MDR-1 일배체형의 약물수송 기능

면 약물의 축적과 펌프는 무엇일까?

P-글라이코프로틴을 만들어내는 유전자가 있다. 우리가 약을 경구(經口)로 투여하면 위장에 단백질이 분포되는데, 이렇게 체내의 세포로 흡수된 것은 다시 P-글라이코프로틴 유전자에 의해 세포 밖으로 배설된다. 독성이 축적되거나 분포되지 않도록 세포 밖으로 배설시키는 것이다.

예컨대 신장에서 배설이 잘 되도록 P-글라이코프로틴이 신장에 분포되어 있고, 독성이 분포가 되더라도 뇌에는 침투가 안 되도록 P-글라이코프로틴이 뇌에도 분포되어 있다. 임산부에서는 태반에서도 단백질이 분포가 되어서 태아에게 분포되지 않도록 중요한 역할을 하기도 한다. 이런 P-글라이코프로틴 단백질을 암호화하는 유전자가 MDR-1이다.

P-글라이코프로틴 수송체는 아미노산들에 의해 만들어진다. 그리고 그것을 만들어내는 유전자는 염기서열에 의해서 달라진다. 그런데 MDR-1 유전자에 변이가 있게 되면 염기서열의 변화에 의해 아미노산이 변화되고 당연히 P-글라이코프로틴도 변화되는데, 어떤 유전자 변이

는 아미노산의 변이가 되지 않는다. 이런 걸 '침묵변이'라 한다.

지금까지는 염기의 변이는 있지만 아미노산에는 변화가 없으므로 P – 글라이코프로틴의 기능에 영향이 없다고 알려져 있었다. 그런데 이런 침묵변이에서도 기능이 변화가 될 수 있다는 것을 오 교수팀은 밝혀냈다.

오 교수팀은 다형성(polymorphism)을 지닌 코돈의 존재와 그것이 막에서 P – 글라이코프로틴의 동시변역(co – translational)에 의한 접힘(folding)과 삽입(insertion) 시기에 영향을 미치는 것을 가정하여 이것이 기질의 구조와 상호작용에 의한 억제 부위를 어떻게 변화시키는가에 대하여 분석하였다.

이 연구는 암호화 서열을 변화시키지 않은 침묵변이가 유사한 기전으로 질병의 발현에 기여한다는 가능성을 제시하고 있다. 아울러 개개인의 약물수송체 유전자형에 따른 약물의 반응 및 이상반응의 차이를 예측하여 이의 적정용법을 결정할 수 있는 '맞춤약물요법'이 임상에서 실현될 수 있도록 하였다는 점에서 그 의의가 높다.

"이 연구는 항암제를 포함한 다양한 약물들을 세포 외로 유출시키는 약물수송체의 유전적 변이의 역할을 규명하였습니다. 이런 연구 결과는 약물의 내성을 극복하고 그 효과를 최대화하면서 이상반응을 최소화할 수 있는 '맞춤약물요법'을 임상에서 현실화하는 데 적용될 수 있는 중요한 연구 결과입니다."

오 교수는 현재 지금까지의 연구 결과를 토대로 하여 환자를 직접 다루는 임상의와 함께 연구를 계속하고 있다. 현재 진행되고 있는 연구는 지금까지 해온 약물수송체 연구와 임상에서 직접 환자를 대상으로 하는 장기 이식 분야에서의 연구이다.

여기서 잠깐 장기 이식 연구를 보자.

P-글라이코프로틴에 의해서 수송되는 약물 중의 하나는 면역억제제이다. 장기 이식을 하고 나면 이식받은 장기가 이물질로 인식되어 체내에서 제거하려는 과정이 진행되는데, 이 과정에서 거부반응이 생긴다. 이런 거부반응을 예방하기 위해 투여하게 되는 약물이 면역억제제이다. 그런데 이 면역억제제의 효과나 이상반응은 환자마다 다양한 차이가 있다.

그 이유는 우선 P-글라이코프로틴 자체의 다양성이다. 그 다음, 면역억제제는 간에서 대사가 되는데, 간의 대사에 준한 유전자 차이에 의해서도 약물반응이 차이가 있다. 따라서 간에서 존재하는 효소에 영향을 미치는 유전자의 다양성 연구가 필요한 것이다.

또 장기 이식에서 중요한 것은 기증자의 유전자 특성이다. 다른 사람의 장기를 이식받은 것이기 때문에 기증받은 사람의 유전자만이 아니라 기증자의 유전자에 의해서도 차이가 있을 수 있기 때문이다. 그래서 오 교수는 기증자와 기증받은 자의 유전자를 함께 연구하면서 대사에 영향을 미치는 유전자가 중요한 것인지, 약물 수송을 하는 수송체 단백질이 중요한 것인지 연구를 진행하고 있다.

모든 환경이 서투르고 고통스러웠던 초기 연구 시절

오 교수는 초등학교를 졸업할 무렵인 열세 살 나이에 가족 전부가 미국으로 이민을 가 어렸을 때부터 줄곧 미국에서 성장했다. 그리고 생물과 화학 등 과학 분야에서의 성적이 유난히 좋았다. 특히 환자를 대하는 병원 일에 관심이 많았다. 그래서 중·고등학교 시절 봉사활동을 하면 주로 병원에 지원하곤 했다. 의학을 전공하리라는 생각에 미리부터 그 방

216

면의 경험을 쌓은 것이다. 그렇게 해서 순조롭게 의대 예과로 진학할 수 있었다.

그런데 막상 의대에 들어가 보니 여자인데다 성격도 조용한 편이어서 수술 시간이 견디기 어려웠다. 그래서 임상의보다는 연구에 뜻을 두고 약학으로 전공을 바꾸었다. 남편을 만난 것은 그 무렵이었다. 약대에 다니면서 약국 실습을 나갔는데 한 유학생이 수영장에 갔다가 눈병이 나서 약국에 온 것이다. 그것이 인연이 되어 1990년 결혼에까지 이르렀다.

결혼은 오 교수에게 커다란 전환점이 되었다. 유학을 마친 남편이 한국으로 돌아오게 되어 오 교수 역시 귀국을 하였기 때문이다. 외국에서 워낙 오래 생활한 탓에 처음에는 한국에 들어오는 것이 그다지 내키지는 않았다. 그러나 남편과 계속 떨어져 지낼 수도 없고, 또 남편이 한국에 직장도 구해주고 해서 1997년 한국으로 돌아왔다.

우여곡절을 거쳐 귀국한 초기 한국 생활은 우려했던 대로 쉽지 않았다. 가장 먼저 닥친 것은 우리말이 서툴다는 점이었다. 그러다 보니 강의를 할 때마다 사전을 하나하나 찾아가며 공부해야만 했는데, 사전에만 있고 일상적으로는 쓰지 않는 단어를 사용할 때가 많아 우리말을 너무 '순수하게' 사용하여 주위의 웃음을 사기도 하는 촌극을 빚기도 했다. 예를 들면 '동물실험'을 '짐승실험'이라고 표현하였다니, 그 상황이 충분히 짐작이 가고도 남는다.

또 미국과 한국의 생활방식에 차이가 많아 초기에는 적응하기 힘든 면도 많았다. 그래서 미국으로 돌아가겠다는 말을 자주 하였고, 남편이 여권을 숨겨놓기까지 할 정도였다. 이 시기가 오 교수에게는 가장 힘든 시기 중 하나였다. 한국의 관습이나 교육환경에 익숙하지 않은 상태에서 어머니, 며느리, 직장인이라는 세 가지 역할을 동시에 하기란 결코 만만치 않았던 것이다.

연구와 관련하여 힘들었던 점은 국내에서 공부하지 않아 인맥이 없다는 것이었다. 서로 믿으며 공동 연구를 할 만한 사람을 찾기도 힘들었고, 연구비를 얻어내는 일도 쉽지 않았다. 국내 연구 환경이 실력 하나만으로 되는 건 아니기 때문이다. 그래서 초기에는 거의 자비로 연구를 진행할 수밖에 없었다.

그러나 오 교수는 이처럼 어려운 여건 속에서도 연구에 대한 열정을 놓지 않았다. 직장인으로서의 교수 생활에 안주하지 않고 늘 새로운 연구 과제를 찾아다녔다.

숙명여자대학교에서 강의를 하며 임상연구를 하던 시절에는 스스로 아산병원을 찾아가 일면식도 없는 교수에게 연구 제의를 하기도 했다. 다행히 서로 뜻이 맞아 공동 연구를 진행할 수 있었고, 좋은 성과도 낼 수 있었다. 당시 오 교수의 연구 분야는 장기 이식이었는데, 그 분야의 의사와 공동 연구를 진행하여 논문을 썼고, 이는 한국에 돌아와 한 활동 중 최초의 기쁜 일이자 보람이었다.

1%의 가능성만 있어도 도전하라

오 교수에게 과학은 '재미'이다. 그것은, 과학은 답이 없기 때문이다. 아니, 문제조차 없다. 스스로 늘 새로운 문제를 만들고, 그 문제의 답 또한 스스로 찾아야 한다. 연구의 의제 설정이 전적으로 자기 자신에게 달려 있다. 이런 점들이야말로 오 교수에게는 과학의 매력이며 재미이다.

아인슈타인의 일화 중에 이런 게 있다. 수학에 자신이 없어 하는 이웃집 꼬마에게 방정식을 가르치며 말하길, 미지수 X를 범인으로 생각하고 탐정놀이를 해보라고 한다. 공부라 생각하지 말고, 어떻게 하면 숨어 있는 X를 찾아낼까 하는 마음으로 도전해 보라는 것이다.

적극적인 성격이 아니면서도 연구에 열정을 바칠 수 있는 것 또한 정해진 답이 없다는 것에서 도전의식을 느끼기 때문일 것이다. 과학 연구는 외워서 아는 것이 아니라 스스로 문제점을 찾고 그 문제를 해결하는 일종의 추리 작업이다. 그래서 범인을 쫓는 수사관처럼 작은 단서 하나도 간과하지 않는 섬세한 관찰력이 필요하다. 오 교수는 어릴 때 암기 위주의 사회 과목에 고통을 느꼈다고 하는데, 아마도 이는 단순 암기에 흥미를 느낄 수가 없었기 때문일 것이다.

오 교수는 문제와 답을 스스로 내고 풀어가는 연구의 과정이 체질에 맞는다고 한다. 늘 긴장할 수 있고, 자기 안에서 스스로 호기심이 올라오기 때문이다. 그래서 오 교수는 단지 연구가 좋아 연구할 뿐이지 이름을 남기는 데에는 큰 관심이 없다. 만약 이름을 남긴다면, 훌륭한 업적보다는 가장 열심히 하는 연구자로서 이름을 남기고 싶다는 게 바람이다. 그동안의 숱한 어려움을 오직 성실과 묵묵한 인내로 넘어온 오 교수에게 그것은 결코 불가능한 꿈이 아닐 것이다.

또한 오 교수는 자신의 연구 장점을 '적응력'이라고 본다. 오 교수는 어린 나이에 미국으로 이민을 가 언어와 관습에 적응하느라 눈물 흘린 날들이 많았다. 신진 학자로 귀국한 후에도 국내의 연구 환경과 새로운 문화 적응에 또 많은 시간을 바쳐야 했다. 그때마다 심신은 고달프고 힘들었지만 일상생활에서나 연구에서나 새로운 문제에 위축된 적은 결코 없었다. 그리고 앞으로 어떤 일이든 새롭게 적응하는 데에 두려움은 없다고 한다. 이런 적응력은 의학의 미개척 분야를 헤쳐나가는 데에 분명코 많은 도움이 될 것이다.

"일상생활이든 연구에서든 1%의 가능성만 있어도 도전해야 합니다. 안 하면 가능성은 0%이니까요."

과학 분야를 지망하는 학생들에게 오 교수가 가장 해주고 싶은 말은 열정과 창의성이다. 우리나라 학생들은 자신의 열정보다는 부모의 열정에 이끌리는 경향이 많다.

그러나 일을 재미있게 하려면 자기 안에서 열정이 나와야 한다는 것이다. 그리고 학교 교육이 너무 내신 위주여서 창의성을 발휘하는 데에 한계가 있다고 지적한다. 어릴 때부터 미국의 창의적인 교육 방법을 접해왔기에 그런 문제들이 더욱 도드라져 보인다는 것이다.

오늘의 내가 미래의 나다

오 교수는 학생들에게 교수보다는 선생이 되고 싶다고 한다. 언니 같은 포근한 사람으로 보이고 싶어 한다. 지식만 가르치는 교수가 아니라 삶의 어려운 문제를 함께 이야기 나누고 함께 고민하는 스승이 되고 싶은 것이다.

하지만 현실적으로 늘 그런 태도를 유지하기란 쉽지 않은 일이다. 일단 연구에 들어가면 성과가 있어야 하기 때문이다. 성과가 있어야 지원금도 나오고, 지원금이 나오면 또 그에 걸맞는 성과를 내야만 한다.

그러다 보니 학생들 자신부터 성과에 짓눌려 있고, 교수 입장에서도 어쩔 수 없이 일 위주가 되기도 한다. 연구 성과에 따라 장래의 취직이나 진로 방향이 결정될 수밖에 없는 만큼 사적으로 편안하게 교류하는 시간은 적을 수밖에 없는 것이다.

그래도 오 교수는 가능한 한 전인격적인 면으로 학생들을 지도하려고 한다. 선생님이자 언니로, 또 친구로 상담도 하고 의논도 하고 싶은 게 오 교수의 바람이다. 약대 학생은 남자보다 여자가 많은데 교수는 남자가 월등히 많다. 그래서 사적인 고민이나 여성 연구자로서의 진로에 대하여 해줄 역할이 많다고 한다.

오 교수는 또 학생들에게 늘 책을 많이 읽으라고 주문한다. 특히 전공 분야 이외의 다양한 책을 읽어야 한다는 것이 연구자이자 교육자로서의 철학이다. 과학은 단순한 계산이 아니라 감춰진 것, 보이지 않는 것에 대한 탐구이다. 때문에 세상에 대한 다양한 시선과 상상력이 있을

세상에서 가장 재미있는 학문이 과학이라는 오정미 교수는 2008년 1월 14일 여성신문이 제정한 '미래를 이끌어 갈 여성 지도자상'의 과학부문 상을 수상했다. 시상자인 나도선 한국과학문화재단 이사장과 함께한 오정미 교수(왼쪽).

때에만 과학도 진보할 수가 있다는 것이 오 교수의 생각이다.

이런 생각과 철학은 '오늘의 내가 미래의 나다'라는 좌우명에서 비롯된다. 내일을 크게 계획하기보다는 오늘에 충실함으로써 내일을 준비한다는 것이 오 교수의 인생철학인 것이다.

그런 점에서 오 교수가 아쉬워하는 것은 국내의 연구 환경이 늘 당장의 성과 위주로 되어 있다는 점이다. 그 점은 학부에서 가르치는 학생들

이나 연구원들이나 마찬가지다. 성과가 있어야 지원금을 받고, 지원금을 받으면 또 성과를 내야만 하는 것이다. 외국도 그런 점이 아주 없는 건 아니지만, 단기적으로 구체적인 성과를 기대하기보다는 가능성을 바라보고 기초연구에 매진할 수 있는 풍토가 되었으면 하는 게 오 교수의 바람이다.

한국을 떠난 지 20여 년 만에 과학자로 돌아와 불리한 여건 속에서도 오직 연구에 대한 집념 하나로 정상의 연구자가 된 오정미 교수. 이제 오 교수는 현재까지의 성과를 바탕으로 동양인의 체질에 맞는 맞춤연구를 할 계획을 세워놓고 있다.

오 교수의 연구 분야인 유전자 다양성 연구는 약물과 인체의 반응 관계가 중요한데, 국내 실험의 경우 주로 외국에서 만들어진 약을 쓰고 있고 데이터나 그 임상결과 또한 외국의 것을 참고하여 연구하고 있다. 그러다 보니 동양인에게서는 정확한 결과 예측을 하는 데 어려움이 있다. 기본 데이터가 서양인에 맞춰져 있기 때문이다. 그래서 지금까지의 연구성과를 발전시켜 앞으로는 한국인의 유전자 특성에 적합한 방법을 찾아내는 것이 오 교수의 목표이다.

"제가 보기보다 적극적이고 강해요"라며 자신만만한 표정으로 말하는 오정미 교수. 그 열정과 자신감이 후학 배출과 새로운 연구 개척이라는 두 마리 토끼를 잡아 반드시 좋은 결과를 가져올 것이다.

P-글라이코프로틴(P-glycoprotein) 막 수송 단백질의 하나로, 장에서 이 단백질이 증가하면 기질약물의 흡수를 제한하여 약물의 흡수를 저하시키고, 간이나 신장 등에서 증가하면 약물 배설을 촉진해 약물 효과를 감소시킨다. 반대로 이 단백질이 감소하면 약물 흡수를 증가시켜 약물로 인한 독성을 유발할 수 있다.

맞춤약물치료 맞춤약물치료를 연구하는 학문을 '약물유전체학'이라 한다. 약물유전체학은 항암제를 사용했을 때 환자에 따라 치료 효과가 다르고, 항응고제를 투여하고자 할 때 환자에 따라 그 용량이 수십 배 차이가 나는 등의 의학적 문제를 해결하기 위해 연구하는 학문이다.

유전자 변이 원래 개체에 존재하는 유전자의 염기서열에 변화가 일어나 개체의 유전자의 표현에 변화를 주는 것을 말한다.

11
쿠커비투릴,
한국에서 꽃을 피우다

김기문(金基文) 포항공과대학교 화학과 교수

1972~1976	서울대학교 자연대 화학과(이학사)
1976~1978	한국과학기술원(KAIST) 화학과(이학석사)
1981~1986	스탠퍼드대학교 화학과(박사)
1988~1992	포항공과대학교 화학과 조교수
1992~1997	포항공과대학교 화학과 부교수
1997~현재	포항공과대학교 화학과 교수
1997~현재	포항공과대학교 지능초분자연구단 단장
2012~현재	기초과학연구원 단장

쿠커비투릴,
한국에서 꽃을 피우다

'사이클로덱스트린(cyclodextrin)'이라는 화학물질이 있다. 화학자가 아니더라도 눈썰미 좋은 사람이라면 각종 식품, 약품, 화장품 등의 성분표에서 이 이름을 보았을 것이다. 사이클로덱스트린은 녹말 분자의 일종인 '덱스트린(dextrin)'이 분자 고리로 연결된 분자집합체 물질이다.

자연 그대로의 녹말 분자인 덱스트린은 점성과 당 성분을 지니고 있어 사무용 풀, 수성 도료, 약품의 부형제, 연탄의 점결제 등으로 다양하게 사용된다. 그런데 이 덱스트린을 인공적으로 결합하여 나온 거대한 초분자, 즉 사이클로덱스트린은 그 내부에 다른 분자를 흡수할 수 있는 공간을 갖게 되어 보다 다양한 응용이 가능해진다.

쉬운 예로 우리가 일상적으로 사용하는 '페브리즈'라는 탈취제도 이런 분자집합을 이용한 것으로, 사이클로덱스트린이 분자 고리 안에 냄새분자를 잡아넣음으로써 결과적으로 나쁜 냄새를 제거해주는 것이다.

사이클로덱스트린은 1980년대에 외국 학자들에 의해 상업화된 이후 각종 식료품, 의약품, 농업 등에 널리 사용되고 있다. 일본의 경우만 해도 2000년에 연간 소비량이 1,800톤을 넘어섰다. 원재료 가격만으로도 2,400만 달러, 사이클로덱스트린이 포함된 제품의 시장규모는 3억 달러의 엄청난 시장을 형성하고 있다.

이 글에서 소개하는 김기문 교수는 지금까지 설명한 사이클로덱스트린과는 관계가 없다. 기초과학 연구가 상업적으로 응용될 때에 경제적으로 얼마나 큰 성과가 있는지 예를 들었을 뿐이다. 그러나 김기문 교수가 사이클로덱스트린과 동떨어진 학자는 아니다. 김 교수가 연구하는 '쿠커비투릴' 또한 사이클로덱스트린과 마찬가지로 초분자라 불리는 거대분자 화합물의 기능을 수행하기 때문이다.

김기문 교수의 말을 들어보자.

"내가 바라는 것은 기초학문을 하면서 좋은 논문을 쓸 수 있을 뿐만 아니라 부(富)도 창출할 수 있다는 본보기를 보여주는 것입니다. 후세에 '쿠커비투릴이라는 호박같이 생긴 분자는 독일에서 태어나 미국에서 거듭났지만 한국에서 꽃을 피웠다. 그리고 그 중심에 김 아무개와 그 학생들이 있었다'라고 기억되기를 바랍니다."

대한민국이 사이클로덱스트린과 같은 효과를 가져 올 수 있는 쿠커비투릴 활용의 메카가 될 수 있다는 자신감이다. 또한 그렇게 될 경우 국가적으로도 막대한 경제적 이익을 얻을 수 있다는 예견이다. 그런데 쿠커비투릴? 발음하기도 어려운 이 낯선 분자는 도대체 무엇일까?

미개척 분자 쿠커비투릴과의 운명적 만남

1991년 봄, 김기문 교수는 학교 도서관에서 신간 저널을 뒤적이고 있었다. 마침 《New Journal of Chemistry》라는 잡지가 새로 들어와 있었는데, 그 중에 '자기조립(self-assembly)*'에 관한 총설을 읽다가 우아한 구조의 분자 하나가 눈에 띄었다. 그것은 바로 김 교수가 이후 15년간 친자식처럼 씨름하며 키워가게 될 쿠커비투릴이었다.

지금부터 100년 전, 독일의 한 과학자가 글리코루릴과 포름알데히드를 황산에 녹여 몇 시간 가열한 뒤 서서히 식히면 무색의 결정이 얻어진다는 것을 발견하였다. 이 결정성 물질이 강산, 강알칼리 조건이나 산화제 존재하에서도 안정한 단일 화합물이라는 것은 알았지만, 당시만 해도 원소분석 말고는 별다른 분석방법이 없던 때라 이 화합물의 실체나 구조는 전혀 알 길이 없었다.

그 후 오랫동안 이 화합물은 잊혀져 있다가 1981년 미국 일리노이주립대학교의 모크(Mock) 교수에 의해 재발견되었다. 모크 교수는 X-선 회절법(X-ray diffraction)*을 포함한 현대적인 분석방법을 동원하여 이 물질이 글리코루릴(glycoluril) 6개가 메틸렌 다리로 연결된 거대 고리화합물임을 밝혔다. 그리고 이 물질은 모양이 마치 속을 파낸 호박같이 생겼다고 하여 호박의 학명인 Cucurbitaceae 앞글자와 글리코루릴의 뒷글자를 따 쿠커비투릴(cucurbituril)이라 명명하였다.

김 교수가 문헌 조사를 해보니 당시 이 분자를 연구하는 사람은 모크 교수 한 사람뿐이었다. 연구 가능성이 무궁한 미개척 분자였던 것이다. 마음이 끌린 김 교수는 그날로 이 분자를 이용하여 초분자화학을 해보리라 결심을 했다. 이는 그가 세계적인 과학자로 명성을 얻게 될 초분자

(supramolecules)* 연구의 시작이었다.

초분자화학은 분자들 간의 약한 상호작용을 통해 만들어지는 거대한 분자의 집합, 즉 초분자를 대상으로 삼는 학문이다. 초분자화학의 핵심은 '분자인식'과 '자기조립'이다. 분자들이 자기 짝을 알아보는 것이 분자인식이고, 분자들 스스로 결합하여 거대 분자로 자리 잡는 것이 자기조립이다.

간단히 말해 초분자화학이란 우리들이 자연으로부터 배운 이 분자인식과 자기조립 원리를 이용하여 우리가 원하는 구조와 성질을 갖는 인공의 초분자를 제조하는 연구이다.

초분자화학은 최근 들어 많은 관심의 대상이 되고 있다. 그 이유 중 하나는 나노미터(10억분의 1m) 크기의 소자를 개발하려는 노력과 맞물려 있다.

컴퓨터나 휴대폰 등 반도체를 이용한 첨단 실용제품들은 갈수록 소형화를 추구하고 있다. 그러나 현재의 반도체 기술로는 기존 장치들을 소형화하는 데 한계가 있다. 그렇기 때문에 요즘엔 반도체 기술로 기존 소자를 줄여가는 하향식 접근이 아니라 처음부터 물질의 최소단위인 분자로부터 출발하여 기능성 소자를 제조하고자 하는 상향식 접근이 주목받고 있다.

그런데 이러한 분자전자공학이 가능하려면 원하는 구조와 성질을 갖는 초분자를 자유자재로 합성할 수 있는 능력이 필요하다. 그래서 최근 화학계에서는 '주인 – 손님' 분자화학이 각광을 받고 있다. '주인 분자'란 분자를 엮을 수 있는 고리 역할을 하는 분자를 말하고, '손님 분자'는 그 고리에 걸려 초분자를 형성하게 되는 분자를 말한다.

"쿠커비투릴 분자가 주인 - 손님 분자에서 주인 분자 역할을 할 수 있을 것이라고 생각했습니다. 생체 내에서는 효소들이 모든 반응을 조절합니다. 생체 내의 효소는 특정한 기질에만 선택적으로 작용해 생화학 반응을 일으키는데, 이때 효소의 작용은 특정한 기질에만 선택적으로 작용합니다. 선택성이 있다는 것은 생명현상의 기본적인 원리입니다. 화학자들은 효소와 기질의 상호작용을 주인 분자와 손님 분자가 어떻게 서로를 알아보고 서로 작용하는지 하는 차원에서 이해하려 합니다."

김 교수는 박사 과정을 공부하는 학생들과 함께 의욕적으로 쿠커비투릴 연구에 매달렸다. 그러나 쿠커비투릴 분자는 강한 산성 수용액에서만 녹는 한계가 있어 다른 물질과 자유롭게 결합시킬 수가 없었다. 결국 그는 분자를 녹일 용매를 찾지 못해 5년 가까운 시간을 흘려보낼 수밖에 없었다. 그리고 시간이 지날수록 몸과 마음이 지쳐만 갔다. 학생들이 분자의 이름을 '코껴비틀릴'이라고 자조적으로 부를 정도로 의욕이 날로 꺾여 갔던 것이다.

그러나 시련은 단지 시련으로 끝나지 않았다. 연구를 거의 포기하던 시점에 마침내 황산나트륨 용액으로 녹일 수 있다는 것을 발견한 것이다. 아울러 중성용액을 사용하면 통에 담듯이 작은 분자를 가둘 수 있으며, 산성용액을 통해 다시 그것을 꺼낼 수도 있다는 획기적인 발견도 거둘 수 있었다.

이렇게 만든 쿠커비투릴의 결정체를 김 교수는 '술통'이라 이름 붙였다. 그리고 1996년 마침내 화학 및 응용화학 분야에서 세계 최고 권위의 학술지인 《Journal of the American Chemical Society》에 논문을 발표하였다. 이 논문은 미국 화학분야 주간시사지 《C & EN》에 크게 소개되었는데, 우리나

라에서 이루어진 연구가 이 잡
지에 소개된 것은 처음이었다.

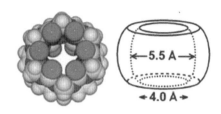

이후 연구는 순풍에 돛을 달
았다. 쿠커비투릴을 분자구슬
로 하여 이 구슬에 긴 분자 줄
을 꿰어 마치 '줄줄이사탕'처럼

김기문 교수가 세계 최초로 합성해 국제특허를 보
유하고 있는 쿠커비투릴 분자구조와 모식도

보이는 폴리로텍산 초분자를 만들어낸 것이다. 줄줄이사탕 초분자는 합
성이 어려울 뿐 아니라 위상기하학적 관점에서 흥미 있는 초분자체이다.

이 연구 논문 역시 그 중요성을 인정받아 학회지에 속보로 발표되었고,
발표와 동시에 《C & EN》에도 소개되었다. 이때부터 김 교수의 연구는
세계 화학계의 주목을 받기 시작했다.

김 교수는 줄줄이사탕 초분자뿐 아니라, 복잡한 구조를 갖고 있는(그러
나 기존의 방법으로는 합성하기 불가능하거나 어려운) 초분자 화합물인 '분자
목걸이(moleuclar necklaces)', '분자고리(molecular loops)' 등을 자기조립과 배위
화학의 원리를 이용하여 손쉽게, 그리고 높은 수율로 얻을 수 있음을 보
여주었다.

예를 들어 구슬이 3개 꿰어진 분자목걸이에 대한 연구는 1998년
《Journal of the American Chemical Society》에, 4개의 구슬이 꿰어진 분자목
걸이에 대한 연구는 1999년 봄 《Angewandte Chemie》에 잇따라 발표하였
다. 특히 《Angewandte Chemie》에 발표한 논문은 속표지(Frontispiece)로 선
정되어 지대한 관심을 끌었다.

이러한 연구 실적과 능력을 인정받아 김 교수는 1997년 11월 과학기술
부가 지원하는 창의적연구진흥사업 줄기형 과제의 연구책임자로 선정되

어, '지능초분자연구단' 단장으로 초분자화학을 바탕으로 한 새로운 기능성 물질과 나노테크놀로지를 창출한다는 원대한 목표를 세우고 연구에 돌입하였다.

"앞으로 우리가 발견한 분자용기나 줄줄이사탕, 벌집 등을 만든 원리를 이용하면 분자들의 '자기조립'이라는 방법을 써서 원자와 분자를 조작해 나노미터 수준에서 미세한 구조나 소자를 원하는 대로 창조하는 나노테크놀로지에 이용할 수 있습니다."

쿠커비투릴을 이용한 초분자화학의 새 장을 열다

최근까지 쿠커비투릴은 6개의 글리코루릴이 서로 연결되어 형성된 한 가지의 동족체만이 알려져 있었다. 그러나 김 교수팀은 5~8개의 글리코루릴을 포함하는 쿠커비투릴 동족체를 합성하고 각각을 분리하는 데 성공하여 쿠커비투릴을 이용한 연구의 새 장을 열었다.

이에 관한 연구 결과는 《Journal of the American Chemical Society》에 발표되었으며, 지금까지 미국, 일본, 유럽 특허를 취득하는 한편 미국의 대표적인 시약회사인 알드리치(Aldrich)에서 시판을 시작하였다. 쿠커비투릴과 유사한 구조를 갖고 있는 사이클로덱스트린에 대한 연구가 몇 권의 단행본으로 나올 정도로 활발하고 여러 가지 실용적인 목적에 이용되고 있음을 볼 때 조만간 쿠커비투릴을 이용한 기초·응용 연구가 활발히 이루어져 실생활에도 널리 유용하게 쓰일 수 있을 것으로 학계는 기대하고 있다.

그리고 최근에는 미국의 한 벤처 캐피탈 기업에서 김 교수 측이 보유하

고 있는 기술을 상용화하자고 제
의해 와 구체적인 논의가 진행
중이기도 하다.

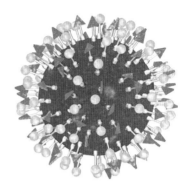

　김 교수팀의 연구는 실생활에
서 매우 다양하게 쓰일 수 있다.
김 교수팀이 개발한 분자화합물
은 속에 구멍이 뚫린 바구니 같
은 것이어서 그 안에 물건을 담
을 수 있다.

쿠커비투릴로 만든 나노캡슐은 자유자재로 구멍에 특정 분자를 끼워 표면을 변형시킬 수 있어 특정 세포나 장기 내부로 효율적인 약물 전달이 가능해진다.

　예를 들어 방향제를 뿌리면 냄새가 금방 퍼져서 사라지는데 그것을 천천히 방출되도록 만들 수도 있다. 이런 바구니 같은 구조에 담아 놓으면 향기를 오랫동안 유지시킬 수 있는 것이다.

　또한 반대로 악취나 오염물질을 제거할 수도 있다. 분자의 구경(口徑)은 크기도 하고 작기도 한데, 구경에 따라서 이 안에 들어갈 수 있는 것과 없는 것이 있으므로 선택적으로 물질을 분류하는 데 쓰일 수도 있다. 물질을 분류한다는 것은 상당히 중요하다. 그 이유는 물질을 폭넓게 파악할 수 있기 때문이다.

　지난 2000년 쿠커비투릴 동족체의 합성과 분리에 대한 논문을 발표한 이후, 김 교수팀은 이를 응용하는 연구를 계속 수행하여 약 60편의 논문을 화학 분야에서 세계적으로 가장 권위 있는 학술지에 발표하는 등 이 화합물을 이용한 초분자화학의 새 장을 열어가고 있다.

　이와 같은 김 교수의 연구 결과는 학문적으로 탁월한 업적으로 간주될 뿐만 아니라 궁극적으로 분리, 촉매, 센서, 약물전달 등에 응용할 수 있다. 또한 나노미터 크기의 분자소자를 개발하는 데도 유용할 것으로 기대되고 있다.

예를 들어 외부에서 주어진 화학적·광화학적 또는 전기화학적 자극에 대해 기계적인 일을 하도록 고안된 분자기계는 나노미터 크기의 분자소자(molecular devices)*를 개발하는 원천기술의 하나로 간주되어 최근 큰 관심을 불러일으키고 있는데, 이와 관련하여 김 교수는 여러 가지 분자기계, 분자스위치 등을 합성하였다.

한 예로 최근에 개발한 분자기계의 일종인 나노 고리자물쇠는 고리 형태의 잠금장치를 나노미터 수준에서 구현한 첫 번째 예로서, 영국왕립화학회에서 발간하는 화학 관련 소식지인 《Chemistry World》에 소개되기도 하였다.

또한 이 쿠커비투릴 동족체는 나노미터 크기의 반응용기로 이용되어 화학반응을 원하는 방향으로 촉진시킬 수 있다. 그리고 불안정한 화합물을 안정화시키는 용도로도 사용할 수 있다. 최근에는 다양한 기능기를 가진 쿠커비투릴 유도체를 손쉽게 합성할 수 있는 방법을 개발함으로써 쿠커비투릴을 이용한 다양한 응용연구가 가능하게 되었다.

예를 들면 소수성 사슬이 여러 개 달린 쿠커비투릴의 유도체를 이용하여 특정 이온의 이동을 조절할 수 있는 새로운 형태의 인공 이온채널을 개발하였고, 양친성 쿠커비투릴 유도체를 합성하여 리포솜(liposome)*을 형성할 수 있음을 보여주었으며, 그 리포솜 표면에 유도장치를 손쉽게 도입해 특정한 세포에만 결합할 수 있도록 하여 몸 안에 특정 위치에만 약물을 전달할 수 있는 전달 매체로 사용할 수 있는 가능성도 열어놓았다.

김 교수팀은 또한 쿠커비투릴 동족체들을 이용한 분자인지 연구 외에도 특정물질을 선택적으로 인지하여 센서로 쓸 수 있는 인공수용체를 개발하고 있다. 그 한 예로 암모늄이온과 선택적으로 결합하는 인공수용체의 개발을 들 수 있다. 암모늄이온은 환경유해물질일 뿐만 아니라 생체 내에서 효소촉매반응의 부산물로 중요한 분석 대상 물질이다.

특히 신경전달물질이나 의약품들 중에는 1차 암모늄기를 가진 물질들이 많으므로 암모늄이온에 선택적인 센서의 개발은 임상분석 측면에서도 중요한 과제이다.

김 교수팀은 캐나다의 진직 교수, 포항공과대학교 박수문 교수 연구진과의 공동 연구를 통해 암모늄이온에 선택적으로 결합하는 새로운 인공수용체를 합성하였다. 이 화합물은 현재 암모늄 센서에 사용되는 노낙틴보다 10배 이상 높은 선택성을 보여 새로운 암모늄 센서 물질로 유망하다. 이 연구 결과는 1999년 가을 《Angewandte Chemie》에 발표되었으며, 이 물질들에 대한 국내특허를 출원하고 외국특허를 출원 중에 있다.

나노캡슐 제조법에 대한 고정관념을 뒤엎다

2007년 김 교수팀은 그동안 다루어 온 쿠커비투릴 분자로 또 한 번의 획기적인 성과를 올린다. 원판형의 쿠커비투릴 유도체를 서로 이어서 속이 빈 나노 크기의 공을 만드는 데 성공한 것이다. 이는 다른 첨가제를 사용하거나 주형을 사용할 필요가 없는 나노캡슐(nano capsules)* 제조의 새로운 개념으로, 용매를 바꾸어주는 것만으로도 나노캡슐의 크기를 50~600나노미터까지 조절할 수 있는 획기적인 연구다.

분자 가운데 작은 구멍이 있는 쿠커비투릴로 만든 나노캡슐은 표면에 미세한 구멍이 나 있어 특정 분자와 강하게 결합할 수 있다. 그리고 이를 이용하여 캡슐 표면의 물리적·화학적 성질을 손쉽게 변형할 수 있다. 김 교수팀은 나노캡슐 표면에 엽산 분자를 도입하면 이 나노캡슐이 종양 세포를 인지하여 세포 내부로 손쉽게 침투할 수 있음을 실험적으로 확인하였다.

이제까지는 고분자 나노캡슐은 첨가제나 주형 없이는 제작할 수 없고, 분자를 종합하면 구성분자들이 방향성 없이 결합하여 3차원 네트워크를 가지는 고분자가 형성된다고 알려져 있었다.

그런데 김 교수팀의 연구는 기존의 나노캡슐 제조법에 대한 고정관념을 완전히 뒤엎은 것이었다. 이 연구 결과는 의학에 적용할 수 있는 새로운 기법을 제시하여 나노공학과 화학계는 물론 의학계로부터도 지대한 관심을 끌고 있다.

김 교수는 이 연구의 의의를 "나노캡슐 표면의 성질을 손쉽게 바꿀 수 있고, 캡슐 내부에 약물뿐 아니라 다양한 물질을 저장할 수 있기 때문에 특정한 암세포나 장기에 약물을 전달할 뿐 아니라 진단에도 활용할 수 있다"고 설명한다.

유산균을 장에 도달시키기 위하여 캡슐을 씌운 요구르트가 만들어졌던 것을 생각하면 이해하기가 쉽다. 즉

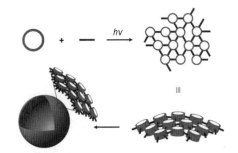

나노캡슐 제조 원리. 용액에 녹아 있는 분자에 자외선을 쬐어주면 얇은 판상의 고분자 조각이 형성되고, 이 조각이 일정 크기 이상이 되면 자발적으로 구(球) 형태를 형성하게 된다.

다른 장기에는 독이 될 수도 있는 특정 약물을 나노캡슐에 담아 원하는 장기까지 보내는 선택적 치료가 가능한 것이다.

이 연구 결과는 2007년 2월 28일 세계적 화학학술지인 《Angewandte Chemie - International Edition》에 'VIP 논문'으로 선정되어 4월호 커버스토리로 게재되었다.

또한 영국왕립화학회가 발행하는 《Chemistry World》는 2007년 3월호에서 "김 교수팀이 개발한 것처럼 주변 환경과 확실하게 상호작용할 수 있는 나노캡슐은 거의 알려져 있지 않았다"는 독일 비엘레펠트대학의 아킴 뮬러 교수의 평과 함께 상세하게 보도하였다.

《네이처》 자매지인 《네이처 나노테크놀로지》 역시 2007년 3월호에서 "한국 포스텍의 연구자들이 주형이 필요치 않은 나노캡슐의 간단한 제조법을 제시했다"는 평가와 함께 '주목해야 할 연구'로 선정하였다.

그리고 《나노투데이》 2007년 4월호에 '주목할 연구 결과'로 소개된 데 이어 《Science Daily》, 《First Science》, 《Chemie》 등 관련 전문 저널 외에도 의학전문 저널인 《Medical News Today》 등에서도 앞다퉈 주요 기사로 상세하게 소개하였다.

'키랄 물질'을 분리할 수 있는 다공성 물질 POST-1

쿠커비투릴 분자 합성에 이은 김기문 교수의 두 번째 큰 업적은 새로운 다공성 물질(porous materials)*의 개발이다.

제올라이트(zeolites)* 같이 무기물 다공성 결정물질은 이온교환제, 흡착제, 촉매 등으로 산업체에서 널리 쓰이는 중요한 물질이다. 지능초분자

연구단은 유기물질과 금속이온을 이용하여 새로운 형태의 다공성 결정물질을 합성하기 위해 노력하고 있는데, 이러한 물질은 촉매·분리뿐만 아니라 센서와 광전자(光電子, photoelectron) 소재에 이르기까지 다양한 응용성이 예상되고 있다.

이 연구의 결실로 김 교수팀은 쿠커비투릴과 알칼리 금속을 이용하여 벌집 구조의 다공성 결정물질을 개발하였는데, 이 연구를 통해 구성 단위체의 모양과 대칭성에 따라 생성된 다공성 물질의 구조를 조절할 수 있음을 보여줌으로써 다공성 물질의 새로운 제조 원리를 제시하였다. 이 연구는 1999년《Angewandte Chemie》에 그 가치가 인정되어 목걸이 논문과 함께 주목할 만한 연구 결과로 속표지에 게재되었다.

이어 김 교수팀은 키랄(chiral)* 유기분자를 금속이온으로 묶어 키랄 다공성 결정물질을 합성하고 그 연구 결과를《네이처》에 발표하였다. 이 논문은 발표되자마자 미국 화학회지인《C & EN》의 '금주의 화제'란에 그 내용이 자세히 소개되었는데, 미국 미시간대학교 야기(Yaghi) 교수는 "키랄 화합물의 분리 등 다양한 응용성을 가지는 키랄 다공성 결정물질의 합성원리를 보여주었다"라고 평했다.

포항공과대학교(POSTECH)의 머리글자를 따서 'POST-1'이라고 명명된 이 다공성 결정물질은 내부 빈 공간에 화학적인 활성부위를 포함하고 있다. 그래서 빈 공간의 화학적·물리적 환경을 원하는 대로 조절할 수 있을 뿐만 아니라, 화학물질의 분리나 촉매 반응에서 반응물질의 크기·구조·화학적 성질에 따라 선택적인 활성을 갖고 있다.

특히 물질 내의 빈 공간이 키랄 환경을 가지고 있어 거울상 이성질체 중 하나만을 선택적으로 분리하거나 합성하는 촉매로 쓰일 수 있다. 이러한 물질은 비교적 간단한 유기화합물과 금속이온으로부터 손쉽게 다량으로 만들 수 있어 의약산업이나 정밀화학산업 분야 등에 폭넓게 활용될 수 있을 것으로 기대되고 있다.

이러한 일련의 성과들로 인해 김 교수는 지난 2006년 호암상(湖巖賞) 과학 부문 상을 수상하는 영예를 안았다. 과학 부문 역대 수상자 중 한국에서 재직하고 있는 과학자가 상을 수상하기는 김 교수가 처음이다.

열정과 실패로 점철된 연구 초기의 시련

1999년 대한화학회 학술상 수상, 2000년 이달의 과학기술자상 수상, 2001년 과학기술훈장 도약장 수상, 제3세계 과학아카데미상 수상, 2002년 한국과학상 수상, 2006년 호암상 수상, 2008년 대한민국 최고과학기술인상 수상……. 이는 모두 김기문 교수가 과학자의 길을 걸어오며 수상한 상들이다. 김 교수는 또 1997년 '자랑스런 신한국인' 선정에 이어 지난 2006년에는 '닮고 싶고 되고 싶은 과학기술인'에 선정되기도 하였다. 그는 한국과학기술 한림원 종신회원이기도 하다.

이처럼 과학자로서 한길을 걸으며 탁월한 성과를 이루어내 한국 과학 발전에 공헌하고 있는 김기문 교수는 다시 태어나도 자연과학을 할 것이라고 말한다. 그만큼 자연과학에 매력을 느끼고 있다는 말이다.

그러나 처음부터 자연과학에 매력을 느낀 것은 아니었다. 학창시절 가르치는 것이 좋아서 교사나 대학교수가 되고자 하는 마음도 있고 자연과학이 좋아서 서울대학교 자연대에 입학하였지만 막상 대학에 들어오고 보니 모든 것이 허망하기만 했다. 그동안 믿어왔던 것이나 지향했던 것에 하루아침에 회의가 들었던 것이다. 더욱이 입학 당시인 1972년은 '10월유신'이 있던 해였다. 그러다보니 자연스럽게 인문사회학에 관심을 가지게 되었고, 유신반대 시위에 참여하여 학교에서 쫓겨나 한 달간 형무소 신세를 지기도 했다.

당시 그는 자연과학을 하는 것은 사치라는 생각까지 했다. 그리고 당시 《우리나라의 옛 그림》이란 책을 읽고 많은 감명을 받았는데, 그래서 미학과로 전과를 생각하기도 했다. 그러나 어쩌면 체질인 자연과학은 버릴 수가 없었고, 복학을 한 이후에는 과학자의 길이 '내 길'이라는 생각으로 지금까지 한 번도 뒤돌아보지 않고 한길을 걸어왔다.

방황을 끝내고 돌아온 길은 시련의 연속이었다. 한국과학기술원(KAIST) 석사 과정까지 김 교수는 줄곧 이론·계산화학을 공부했다. 그런데 막상 사회의 연구소들은 이론 쪽보다는 응용화학 전공자를 원했다. 국내 교수직을 마다하고 미국 유학에 올라 스탠퍼드대학교에서 공부를 할 때도 마찬가지였다.

화학은 역시 실험이라는 생각에 미국에서 공부할 때는 전공을 실험으로 바꾸었는데 실험 경험이 충분하지 못해 연구에 많은 애를 먹어야 했다. 그리고 언어도 통하지 않는 미국에서 처음부터 실험을 배우려고 하니 바닥부터 하나하나 다시 시작해야만 했다.

또 자신보다 어린 학생들과 공부를 하면서 실험 테크닉이 딸려 고생도 많이 하고 자존심 또한 상처를 받기도 했다. 단순히 의욕만 가지고 될 문제가 아니었던 것이다. 이 시기를 김 교수는 가장 힘들었던 때라고 회상한다. 기후도 좋고 살기도 좋고, 또 아이까지 낳으며 살았던 추억이 있는 곳임에도 워낙 고생을 많이 해서 결코 되돌아가고 싶은 마음은 들지 않는다는 것이다.

유학을 끝내고 귀국해서도 시련은 여전했다. 새로운 일을 찾아서 하려다보니 또다시 새롭게 공부를 해야 했는데, 제대로 풀리는 일이 하나도 없었다. 당시 몇 편의 논문을 쓰기는 했는데, 결코 부끄러운 논문들은 아니지만 평생 자랑스럽게 간직할 만한 논문도 아니었다. 김 교수가 전세계에 자신을 당당하게 알릴 만한 논문이 1996년에 처음 나왔으니 미국 유학 5년과 귀국 후 연구를 시작한 지 거의 8년만인 늦깎이 성공이라고 할 수 있다.

더 높은 봉우리를 향해 인내하고 걸어가라

연구를 한다는 것은 하루아침에 뭔가를 이룰 수 있는 것이 결코 아니다. 즐거움보다는 고통스런 순간들이 더 많다. 그리고 늘 스스로를 채찍질해야 한다. 누군들 인생을 자유롭게 즐기고 싶지 않을까. 그러나 연구는 그렇게 해서는 전혀 할 수가 없다. 즉 연구는 90% 이상이 고통의 시간인 자기와의 싸움이다.

그러나 정상에 올라섰을 때의 환희는 그 누구도 상상하기 어려운 것이다. 정상에 서서 굽어볼 때야말로 그동안 힘들었던 것은 모두 사라지고 오직 기쁨만이 있다. 그것이 연구에서 얻을 수 있는 가장 큰 보람이다. 그래서 과학자들은 작은 봉우리들을 정복해 가면서 점점 더 높은 산봉우리로 향한다. 작은 산봉우리를 올랐을 때의 기쁨을 안고 더 높은 봉우리를 향해 인내하고 걸어가는 것이다.

그런 점에서 김 교수는 현재를 살아가는 젊은 세대를 보며 아쉬운 마음을 가지고 있다. 과거에는 먹고살기 어려운 시대 속에서도 과학기술 발전의 선봉에 서겠다는 마음 하나만으로 이공계열로 뛰어들었는데 지금은 경제적인 측면만 생각하며 편안하고 풍족하게 돈을 벌 수 있는 학과를 선호한다는 것이다. 그러나 김 교수는 자기가 정말로 즐겁게 할 수 있는 일, 도전적이고 창의적인 일을 해야 잘살 수 있다고 생각한다.

김 교수는 다수의 국제특허를 보유하고 있다. 지난 10여 년 동안 연구를 하면서 얻은 성과를 특허 출원해 놓은 것이다. 과거 김 교수가 공부를 할 때는 황금 보기를 돌같이 하라는 가르침을 받았다.

그러나 세상은 변했다. 지금은 과학이 학문을 넘어 실용적인 측면에서 우리 생활과 밀접하게 연관되어 있다. 실제로 연구 성과로 벤처기업을 성공적으로 운영하는 과학자들도 있고, 실용적인 성과를 내어 경제적인 측면에서 부를 축적할 수도 있다.

예전에는 기초학문과 응용학문의 경계가 있었는데 지금은 세상이 변해서 실용적으로 개발하는 시간도 단축되었고, 기업은 이러한 연구 성과를 실용화시키는 사업을 적극 추진하고 있다. 즉 학문적으로 가치가 있으면서도 동시에 부를 창출할 수 있다는 것이다.

김 교수는 바로 이러한 것을 자신이 직접 보여주리라 생각한다. 그래서 그는 함께 연구하는 학생들을 격려할 때 좋은 논문을 내고 특허를 내서 나중에 포항 앞바다에서 요트를 띄우고 놀자는 농담을 곧잘 한다.

김 교수는 또 제자들에게 목표와 뜻을 높이 세우고 노력하면 이루지 못할 것이 없다고 늘 강조한다. 물론 세상을 살면서 모든 것을 다 이룰 수는 없다. 그러나 목표를 세우고 나아가면 못 이룰 것도 없다. 이 역시 요즘 젊은이들을 보면서 느끼는 아쉬운 부분이다.

그가 보기에 요즘 젊은이들은 꿈이 작다는 것이다. 자신의 꿈을 확실하게 설계하며 장차 국가를 이끌어갈 리더가 되겠다는 사명감과 자부심이 강했던 과거에 비해 지금은 각자의 개성 없이 너나없이 똑같이 하는 경향이 있다는 것이다. 당장 눈앞의 실익이나 즐기는 것에는 관심이 많지만 이상을 성취하기 위해서 오늘의 고통을 감내하는 자세가 부족하다는 것이다.

"우리나라가 지금 무엇으로 먹고 살고 있나요? 삼성이니 하이닉스반도체니 현대자동차니 이런 기업에서 나오는 수익으로 먹고 사는데, 그렇다면 결국 투자해야 할 곳은 과학기술밖에 없습니다. 지금은 비록 의대나 한의대 쪽으로 인재들이 몰리고 있지만 언젠가는 다시 판도가 바뀔 겁니다. 우리 때는 전반적인 사회 분위기가 지금과는 달랐지요. 요즘 학생들은 너무 경제적인 측면만 생각합니다. 어딜 가건 편안하고 풍족하게 돈을 벌 수 있는 곳으로 가려고 하고, 의대 역시 인술이니 이런 것과는 거리가 멀지요. 안타깝습니다. 요즘 세상은 무엇을 해도 먹고 살 수는 있을 겁니다. 그러니 자기가 정말로 즐겁게 할 수 있는 일, 신나는 일, 창의적인 일을 해야 하지 않겠어요?"

이처럼 젊은이들에 대한 김 교수의 걱정은 취업과 수입에 연연할 수밖에 없는 시대적 한계의 아쉬움과 맞물려 있다.

과학자는 창조의 예술가다

김 교수는 유학 시절 생물학을 전공한 아내와 함께 공부를 했다. 그러나 아내는 남편의 내조를 위해 자기 일을 접었다. 그의 아내는 오늘날 김 교수를 최고의 화학자로 서게 한 든든한 지원군이자 세계 화학계에 이름을 올리게 한 숨은 조력자이다. 그래서 김 교수는 연구의 성취감을 혼자만 누리고 있는 것 같아 미안한 마음으로 늘 아내 몫까지 두 배를 한다는 생각으로 연구에 매진하고 있다. 그것만이 아내에 대한 사랑이자 예의라고 생각한다.

그래서 그는 지금까지 모든 연구를 전력투구해서 해왔다. 그런 그에게 은퇴란 없다. 언젠가 나이가 들어 은퇴할 때가 오겠지만 그때까지는 지금처럼 늘 초심(初心)을 지키고 모든 힘을 다 쏟아서 원하는 성과를 꼭 이루겠다고 한다.

그렇다면 학자로서 성공을 한다는 것은 어떤 것일까? 흔히들 세 가지를 이야기한다. 그것은 좋은 논문과 좋은 제자, 그리고 좋은 책을 쓰는 것이다. 여기서 책은 연구와 교육의 중간쯤 된다. 그래서 김 교수의 목표 중 하나는 좋은 책을 내는 것이다. 이를 위해 그는 2~3년 후부터는 좋은 책을 내기 위해 본격적인 준비를 할 계획이다.

그래서 그런지 김 교수의 연구실은 과학자의 방이 맞는가 싶을 정도로 각종 문학서적과 서예, 그림들로 가득 차 있다. 한때는 전시회를 부지런히 찾아다니고 용돈을 모아 그림을 수집하기도 했다고 한다. 특히 화려한 색채의 샤갈의 그림도 좋아하지만 단순함과 여백 속에 선(禪)의 향기가 배어 있는 판화가 이철수 씨의 판화를 좋아한다.

"가끔은 그림을 통해 과학적 영감을 얻기도 합니다. 에셔의 그림을 연상시키는 사찰의 꽃살문은 한동안 우리 연구에 많은 영감을 주었죠. 과학자와 예술가는 아주 많이 닮았습니다. 둘 다 독창력과 상상력을 바탕으로 창조 행위를 하고 있는데, 열정과 실패가 없이는 새로운 것을 창조

해낼 수 없거든요. 그 옛날 연금술
사들이 비록 현자의 돌을 발견하진
못했지만 그 열정이 거름이 되어 화
학이라는 학문이 생겨났고, 지금까
지 발전해 올 수 있었던 거지요."

김 교수의 하루는 매우 빡빡한 일
정이다. 강의하고 논문 쓰고 강연을
하며 보내는 바쁜 일정이지만 일주
일에 하루는 가급적 휴식을 가지려
고 한다. 특히 일요일에는 주로 인
근의 경주 남산에 올라 자연을 접하
는 기쁨과 함께 자신을 되돌아보는

그림을 통해 과학적 영감을 얻기도 한다는
김기문 교수. 독창력과 상상력을 바탕으로
창조 행위를 하고 있다는 점에서 과학자와
예술가는 아주 많이 닮았다고 말하는 그는
열정과 실패 없이는 새로운 것을 창조해 낼
수 없다고 강조한다.

시간을 갖는다. 산 여기저기에 흩어져 있는 문화유적들을 보면서 그 아
름다움과 선조들의 숨결을 느껴보기도 하면서 연구에서 쌓인 스트레스를
해소하고 몸과 마음을 재충전한다.

그리고 시간이 나는 대로 책을 즐겨 읽는다. 출장 강연을 하러 가는 틈
틈이 비행기나 열차에서 책을 읽는데, 특별히 관심이 많은 미술사 외에
도 수필집과 시집 등 가리지 않고 읽는다. 최근에는 장영희 교수의 영미
시선 《생일》이란 책을 읽고는 학생들에게 적극 추천을 하기도 했고, 작
가 박완서의 소설과 수필집은 좋아하는 작가라서 거의 다 읽었다고 한
다. 머지않아 책을 내고 싶다는 그의 꿈도 이처럼 책을 좋아하는 취미에
서 나왔으리라.

해마다 10월이면 우리는 노벨상 소식을 듣는다. 아직 우리나라는 과학

분야에서 노벨상을 한 번도 수상하지 못했다. 하지만 김기문 교수와 같은 과학자가 있는 한 곧 그날도 머지않은 것 같다. 이는 김 교수가 노벨상을 수상할 것 같다는 예감이 아니다. 노벨상을 수상하기 위해서는 상을 수상할 수 있는 기반과 환경을 만들고 또 세계를 선도할 수 있는 선도과학자를 배출해야 하는데, 그러한 의지를 가지고 있는 김 교수와 같은 과학자가 많기 때문이다.

그런 면에서 김 교수는 지금은 노벨상을 바라볼 것이 아니라 세계를 이끌 선도과학자를 양성하는 것이 현실적인 목표라고 말한다. 그리고 지금 선도과학자들이 나타나고 있다고 긍정적으로 보고 있다.

오늘날 화학의 두 가지 큰 흐름은 '생명현상의 이해'와 '새로운 소재의 개발'이다. 그러나 김 교수는 이 두 가지 중 딱히 한쪽에만 관심을 두지 않고 두 가지 길 모두를 추구하고 있다. 새로운 소재의 개발로 생명현상을 이해할 수 있다고 믿기 때문이다. 그래서 양쪽 모두에 대한 관심을 놓지 않고 있는 것이다.

돌아보면 즐거움보다는 고통의 시간들이 더 많았고, 이제 겨우 고갯마루 하나에 올라섰을 뿐이라고 말하는 김기문 교수. 지금까지 그래왔듯 앞으로도 그는 연구에 대한 열정 하나로 세상을 살 것이다.

자기조립(self-assembly) 한 종류 혹은 여러 종류의 구성 분자들이 수소 결합이나 정전기적 인력 등 약한 상호작용에 의해 자발적으로 조립되어 안정적이고 규칙적인 거대한 분자 집합체(초분자)를 형성하는 과정을 말한다.

X-선 회절법(X-ray diffraction) 물질에 X-선을 조사하면 물질을 이루는 각각의 원자들은 입사된 X-선을 모든 방향으로 산란시키며, 산란된 파는 서로 간섭(干涉) 현상을 일으켜 입사된 X-선의 방향과 다른 몇 개의 특정한 방향으로만 진행하게 되는데, 이를 X-선 회절현상이라 한다. X-선 회절의 강도와 진행 방향은 물질을 구성하는 원자의 종류와 배열 상태에 따라 달라지기 때문에 X-선 회절을 조사함으로써 물질의 미세한 구조를 알 수 있다.

초분자(supramolecules) 분자들이 서로를 인식하고, 분자간의 약한 상호작용을 통한 자기조립 과정을 거쳐 만들어진 안정적이고 규칙적인 거대한 분자 집합체를 말한다. 여러 개의 단위체가 모여 생성된 헤모글로빈과 같은 단백질, 서로 상보적인 두 가닥의 핵산으로 이루어진 DNA와 같은 생체분자가 초분자의 대표적인 예이다.

분자소자(molecular devices) 분자 집합체로 이루어져 스위치, 메모리 등의 기능을 갖는 소자로, 분자가 갖는 여러 가지 기능을 활용해 고성능·고집적 소자를 제작하려는 노력이 진행 중이다.

리포솜(liposome) 인지질과 같이 친수성과 친유성 성질을 동시에 지닌 양친성 분자들이 수용액상에 존재할 때, 분자들의 친유성 부분은 물 분자와의 접촉을 피해 자발적으로 모이게 되고, 표면 에너지를 최소화하기 위하여 구형으로 닫힌 인지질 이중막을 형성한다. 이러한 리포솜은 내부에 친수성의 공간이 있어, 친수성 물질을 담지할 수 있다는 특징을 갖는다.

나노캡슐(nano capsules) 크기가 나노미터(10^{-9}m) 수준인 캡슐을 말하며, 그 내부에 특정 분자를 담지할 수 있다.

다공성 물질(porous materials) 다공성 물질은 내부에 다수의 빈 공간(pore)을 갖는 물질로, 내부의 높은 표면적과 구조적 특성으로 인해 촉매의 담지체, 기체 저장, 물질의 분리, 전극 재료, 전기 이중층 재료 등 연료전지와 배터리를 포함한 다양한 분야에서 그 활용도가 매우 높다.

제올라이트(zeolites) 다공성 물질 중의 하나로, 알루미늄 산화물과 규산 산화물의 결합으로 생겨난 음이온에 알칼리 금속 및 알칼리 토금속이 결합되어 있는 광물을 총칭하는 말이다. 탄화수소의 크래킹 공정 등 산업체에서 촉매·분자체·건조제 등으로 널리 사용되며, 우리 주변에서는 세제의 첨가물로 사용되어 물 속에 있는 칼슘과 마그네슘 이온을 공동 안에 포집하여 센물을 단물로 만들어주는 역할을 한다.

키랄(chiral) 조성과 원자 배열 상태는 같으나 자기 자신의 구조와 거울상이 서로 겹쳐지지 않는 분자를 키랄 분자라고 한다. 예를 들어 오른손과 왼손은 서로 거울상 관계에 있는데, 두 손을 아무리 돌리고 방향을 바꾸고 하더라도 두 손은 서로 겹쳐지지 않는다. 이렇게 서로 거울상 관계에 있는 분자를 거울상 이성질체 혹은 광학 이성질체라고 한다.

12
자연계에 없는 D–아미노산 생산기술을 개발하다

김관묵(金寬默) 이화여자대학교 화학생명분자과학부 교수

1979~1986	서울대학교 학사
1987~1989	한국과학기술원(KAIST) 석사
1993~1997	연세대학교 박사(전이금속화학)
1989~2004	한국과학기술연구원(KIST) 연구원
2004~현재	이화여자대학교 화학생명분자과학부 교수
2006~2009	국가지정연구실(NRL) 사업 수행

자연계에 없는 D - 아미노산 생산기술을 개발하다

1950년대에 탈리도미드(thalidomide)라는 구토 치료제가 있었다. 보통 입덧이라고 부르는, 임산부들의 구토를 치료하는 약이다. 그런데 이 약물은 임산부의 구토 증세를 치료하는 능력이 있으면서 동시에 기형아를 유발시킬 수도 있었다. 구토라는 작은 증상을 치료하려다가 기형아 출산이라는 치명적인 낭패를 당할 수도 있는 것이다.

이런 결과가 나오는 것은 이 약물의 원료가 되는 분자가 '거울상'이라 불리는 변종 분자를 포함하고 있기 때문이다. 거울상이란 오른손과 왼손처럼 서로 똑같은 형태이면서 입체적으로는 다른 형태인 것을 말한다.

오른손과 왼손은 서로 마주보고 붙일 수는 있지만 일렬로 포갤 수는 없다. 이처럼 구조는 동일한데 거울상이 서로 다른 것을 '키랄(chiral)'이라 하며, 일반적으로 키랄 성질을 갖는 분자의 경우 각각의 거울상은 우리 몸에서 서로 다른 기능을 수행한다.

키랄은 우리말로는 '손대칭'이라 부르기도 한다. 앞에서 말한 구토 치료제도 이런 키랄성 분자로 만들어진 약물로서, 분자 하나는 구토 치료의 기능을 수행하지만 그 쌍인 다른 분자는 기형아 출산을 유발시켰던 것이다.

자연계에는 없는 D-아미노산

자연계의 많은 분자들이 이러한 거울상 형태의 변종을 가지고 있다. 즉 분자 분리를 하지 않은 키랄성 약물들은 애초의 목적에 맞지 않는 뜻밖의 결과를 가져올 수도 있다는 이야기다.

가령 앞의 구토 치료제 말고도, 디클로르(dichlorprop)의 한 가지 형태는 제초제이지만 디클로르의 다른 거울상 형태는 암을 유발시키기도 한다. 이처럼 제초제나 살충제로 이용되는 많은 화학물질들은 키랄 성질을 가지고 있다.

또한 키랄 성질을 가지는 화학물질의 경우 각각의 거울상이 50 : 50으로 혼합되어 있게 마련인데, 많은 제약회사들이 이를 분리하여 판매하지 않고 있다. 제품의 절반만이 유용한 성분이지만, 이를 분리하는 것이 어렵기 때문이다. 비용과 시간이 많이 걸리니 분리해 판매하는 것보다 그냥 파는 게 가격이 저렴한 것이다.

단백질의 경우를 보자. 단백질은 근육의 구성 성분이며 음식물에서 섭취해야 하는 중요한 영양소라는 사실은 누구나 알고 있다. 그런데 단백질을 구성하고 있는 아미노산들은 '글리신*'이라는 아미노산을 제외하고 모두가 키랄 성질을 가지고 있다.

이 세상의 모든 아미노산은 D와 L이라는 두 가지 형태로 존재하는데, 이 둘은 마치 왼손과 오른손처럼 서로 마주보는 거울상 형태를 띤다. D

와 L이라는 이름 자체가 왼쪽과 오른쪽을 뜻하는 라틴어에 어원을 두고 있다.

현재 세계적으로 판매되고 있는 의약품의 3분의 2가 키랄성을 가지고 있는 것으로 알려져 있다. 또한 새로이 개발되는 의약품에서 키랄성은 더욱 중요해질 것이다. 미국식품의약국(FDA)에서는 키랄성을 갖는 모든 의약품들에 대해 각각의 거울상으로 분리하여 약효 테스트를 별도로 해야만 시판 허가를 내주는 정책을 취하고 있다.

아미노산은 이들 키랄 의약품에서 매우 중요한 원료로 사용되고 있다. 약물의 효과는 L형 아미노산과 D형 아미노산이 각기 다르고, 특정 기능을 원할 경우 당연히 이 두 개의 거울상을 분리해 사용해야만 한다.

그런데 신비하게도 자연계의 아미노산은 모두 L - 형태로만 존재한다. 그래서 일반적으로 순수한 L - 아미노산*은 미생물 발효 방법이나 효소 방법 등으로 비교적 값싸게 대량으로 얻을 수 있으나, 자연계에 존재하지 않는 D - 아미노산*을 얻기란 쉬운 일이 아니다. 물론 화학적으로 아미노산을 만들 수는 있으나 그럴 경우 L - 아미노산과 D - 아미노산이 50 : 50으로 함께 얻어진다. 이에 따라 순수한 D - 아미노산을 얻으려면 많은 경비가 들어 그 이용이 자유롭지 못한 형편이다.

실제로 우리나라에서도 L - 아미노산은 많이 생산되고 있으나 D - 아미

L - 아미노산과 D - 아미노산

노산은 전혀 생산이 이루어지지 않고 있다. 그리고 세계적으로도 D-아미노산은 일부 회사에서 비싼 값으로 소량으로 판매가 이루어지고 있다. 그러므로 D-아미노산을 쉽게 대량으로 얻는 일이 가능해지면 그만큼 D-아미노산을 원료로 하는 의약품 개발이 훨씬 용이하게 되는 것이다.

15조에 달하는 시장을 장악할 수 있는 신기술

D형 아미노산은 신약 개발에 필요한 재료다. 특히 최근에는 피로회복제(음료수)나 다이어트 약품 등의 수요가 급증하면서 각광받고 있다. 하지만 앞서 말했듯 자연 상태에서 얻을 수 있는 것은 L형 아미노산뿐이어서 현재까지 제약회사들은 효소공법을 이용해 D-아미노산을 얻었다.

그러나 이 효소공법은 불안정한 효소를 사용해야 하므로 공법이 까다롭고 경비가 많이 들며, 일부 아미노산의 제조에만 적용되기 때문에 다양한 아미노산을 대량으로 값싸게 제조하는 데는 많은 한계를 가지고 있다. 현재 세상에 알려진 아미노산은 300여 가지에 달한다.

이외에도 D형 아미노산을 얻는 방법들은 세계적으로 많이 연구되고 개발되었다. 그러나 시간과 비용이 많이 드는 일이어서 시장에 공급되는 가격이 매우 높았다. 예를 들어 D형 아미노산은 L형 아미노산에 비해 작게는 5배, 크게는 100배까지 가격 차이가 난다. 그러므로 D형 아미노산을 쉽게 만드는 방법이 개발된다면 막대한 경제적 이익을 얻을 수가 있게 되는 것이다.

그런데 우리나라의 과학자가 이런 기술을 세계 최초로 개발하였다. 이화여자대학교 화학생명분자과학부에 재직하고 있는 김관묵 교수 연구팀이 그 주인공들이다.

김 교수팀은 박테리아 세포벽에 있는 일라닌 라스메이즈 효소가 L-아미노산을 50% 가량 D-아미노산으로 전환시키는 특성에 착안하여 아미노산 분자구조에 '바이놀 유도체'라는 유기화합물을 첨가했다. 효소의 기본 구조를 가지면서 효율을 높일 수 있는 유기화합물을 개발한 것이다. 그리고 이 유기화합물을 이용하여 95% 이상 D-아미노산으로 변환시키는 매우 경제적인 방법을 찾아내는 데 성공했다.

이 방법은 자연계에 존재하는 L-아미노산을 자연계에 존재하지 않는 D-아미노산으로 바꾸어버리는 것으로, 이제까지 세계적으로 어느 누구도 성공하지 못한 새로운 방법이다. 이 방법은 기존의 효소공법에 비해 매우 간단한 공정으로 가능하며, 무엇보다도 다양한 아미노산에 쉽게 적용될 수 있다는 큰 장점을 갖고 있다.

김관묵 교수는 한국과학기술연구원(KIST)에 근무하던 시절 분자인식을 연구하는 기초화학에 매달려 왔다. 그 연장선상에서 아미노산의 L형과 D형을 분리 인식하는 연구를 해왔는데, 어느 날 이 두 분자의 분리가 아니라 아예 L형을 D형으로 전환할 수 있겠다는 착상이 떠올랐다.

이후 김 교수는 제자인 박현정(박사 과정) 씨와 함께 3년여 동안 수없는 시행착오를 거치며 마침내 처음의 아이디어를 현실로 빚어냈다. 다만 김 교수에 의하면, 새로 개발된 공법으로도 아직 100%가 아닌 95%의 효율까지만 얻고 있다. 그래서 현재 이것을 100% 효율로 끌어올리는 것과 바이놀 유도체를 재사용하는 문제가 과제로 남아 있다. 실용화를 위해서는 생산원가가 중요하므로 바이놀 유도체를 백 번이고 천 번이고 재사용할 수 있어야 하는 것이다.

D-아미노산은 의약품 원료 말고도 다양한 산업용도로 쓰이는 유용한 물질이다. 현재 D-아미노산 시장은 2009년에 10억 달러(1조 원)에 달할 것으로 전망되고 있다. 이번 연구 결과는 자체 D-아미노산 생산기술이 없는 국내시장은 물론 세계시장에도 큰 파급효과를 가져올 것으로 전망되고 있다. 지금까지는 효소공법으로 몇 종류의 D-아미노산만을 생산해 왔지만 이번 연구 결과로 다양한 종류의 D-아미노산을 싸게 생산할 수 있는 길이 열린 것이다.

현재 판매되는 의약품의 60% 이상은 키랄성이다. 키랄성 의약품이 많으므로 대칭되는 이 분자들을 따로 분리해 만들어야 하는데, 아미노산이 그런 분리의 중요한 출발 물질이다. 따라서 D형 아미노산의 생산기술을 확보하게 되면 그 자체의 판매는 물론이거니와 그것으로 만들어지는 의약품 시장도 장악할 수 있어 경제적 효과가 어마어마하다.

현재 아미노산을 이용한 의약품의 시장규모는 약 15조 원에 이르는 것으로 추산되고 있다. 그런 막대한 시장을 장악할 수 있는 기술을 김 교수 팀이 개발한 것이다.

이 연구는 화학생명분자과학부의 SRC '지능형 나노바이오소재 연구센터'(센터장 최진호 교수)와 NRL '바이오키랄 연구실'(책임자 김관묵 교수)의 지원으로 이루어졌으며, 김 교수가 재직하는 이화여자대학교의 산학협력단 이름으로 미국, 일본, 유럽 등에 특허가 출원된 상태다. 김 교수는 1년 안에 D형 아미노산 생산을 실용화하여 구체적인 매출을 올리겠다는 계획 하에 연구에 박차를 가하고 있다.

이 연구 성과는 지난 2007년 1월 11일 미국 화학회지인 《Journal of the American Chemical Society》에 속보로 처음 발표된 데 이어, 같은 달 26일

세계적인 과학 저널 《사이언스》에 화학분야 하이라이트로 게재되었다. 세계 최초로 개발된 D-아미노산 생산기술을 세계가 크게 주목하고 있는 것이다.

아미노산이란?

아미노산은 염기성을 띠는 아미노기(-NH2)와 산성을 띠는 카르복시기(-COOH) 및 유기원자단인 R기(또는 곁가지)로 구성된 유기화합물이다. 화학구조상으로 '아미노기'와 '산기' 두 개로 구성돼 있어 아미노산이라 불린다.

이런 아미노산은 단백질을 구성하는 주요 요소이다. 아미노산에서 20가지 정도는 단백질을 구성하는데, 이 단백질은 인체 내에서 에너지원의 역할과 생체 내 화학적인 반응들을 조절하는 효소 역할을 한다.

천연에는 100개 이상의 아미노산이 존재하지만 이 가운데 약 20개의 아미노산만이 원생동물에서 동식물에 이르는 유기체(有機體)에 공통으로 존재하며 단백질 합성에 이용된다. 이들 가운데 대략 10개는 인체에서 합성이 불가능한 필수 아미노산이므로 음식물로부터 섭취해야 하고, 나머지 10개(비필수 아미노산)는 아미노기 전달반응이라고 하는 산화-환원 반응에 의해 합성된다. DNA는 아미노산을 특정 위치에 배열하여 단백질이 만들어지도록 한다.

각각의 아미노산은 펩티드 결합에 의해 결합되어 다양한 단백질(효소·독·호르몬, 생체 구조·물질 수송·수측기능 요소, 특정한 생물학적 활성을 갖는 분자 등을 포함)을 만든다. 대부분의 단백질은 100개 이상의 아미노산으로 이루어져 있다. 이 외에도 인공적으로 만들어진 아미노산까지 포함하면 아미노산 종류는 수백 개에 달한다.

아미노산은 글리신을 제외하고 일반적으로 광학이성질체를 가지는데, 단백질 속에 있는 모든 아미노산은 α – 탄소에 관하여 카르복시기와 아미노기의 배치 관계가 같고 L형이다. 그러나 D – 아미노산은 미생물의 세포벽에서 발견되긴 하지만 일반적으로 천연에서 존재하지 않는다. D – 아미노산을 함유하는 펩티드는 강한 항균작용 또는 독성을 보이는 것이 많은데, 그라미시딘이나 바시트라신 같은 폴리펩티드성 항생물질은 그 한 예이다.

단백질을 구성하는 주요 아미노산은 글리신 · 알라닌 · 발린 · 류신 · 이소류신 · 트레오닌 · 세린 · 시스테인 · 시스틴 · 메티오닌 · 아스파르트산 · 아스파라긴 · 글루탐산 · 디요드티로신 · 리신 · 아르기닌 · 히스티딘 · 페닐알라닌 · 티로신 · 트립토판 · 프롤린 · 옥시프롤린 등 22종이다. 이밖에 자연계에 존재하는 비교적 중요한 아미노산으로는 β – 알라닌 · γ – 아미노부티르산 · 오르니틴 · 시트룰린 · 호모세린 · 트리요드티로신 · 티록신 · 디옥시페닐알라닌이 있다.

22종의 주요 아미노산 중 체내에서 합성이 안 되고 음식을 통해서 섭취해야 하는 필수 아미노산은 어른의 경우 발린 · 류신 · 이소류신 · 메티오닌 · 트레오닌 · 리신 · 페닐알라닌 · 트립토판이고, 유아는 여기에다 히스티딘이 필수이며, 기타는 비필수 아미노산이다. 비필수 아미노산은 아미노기 전이효소(transaminase)에 의해서 체내에서 필수 아미노산으로부터 합성할 수 있으나, 글루타민 · 아스파라긴 · 알라닌 · 프롤린 등의 비필수 아미노산은 훨씬 용이하게 아미노기 전이반응이 일어나서 다른 비필수 아미노산을 합성할 수 있다.

아미노산의 일반적 반응으로는 아질산 · 닌히드린 · 과산화수소 · 글리세린과 작용하여 각각 옥시산 · 알데히드 · 케토산 · 아민을 생성한다. 그리고 아미노산은 환원제의 작용을 잘 받지 않으나, 그 에스테르는 나트륨아말감이나 수소로 쉽사리 환원되어 상응하는 알데히드나 알코올이 된다. 아미노산은 최근에는 비타민과 함께 영양제, 조미료로서 널리 사용되고 있다.

최초의 아이디어를 끈질기게 붙잡고 매달리다

과학자가 되는 사람들은 대개 어릴 때부터 자연과학에 흥미가 많거나 그 방면에 남다른 재능을 보인다. 그래서 어릴 때 이미 과학자의 길을 인생 목표로 정하는 경우가 많다. 그렇게 보면 김관묵 교수는 과학자로서는 평범한 청소년기를 보냈다고 할 수 있다. 과학에 남다른 소질을 보이지도 않았고 '장래희망'란에 과학자를 적어본 적도 없다. 남다른 게 있었다면 공부를 잘했다는 것 하나뿐이다.

장래의 직업이 결정될 대학 진학을 앞두고 김 교수는 어떤 과를 선택해야 할지 고민하기 시작했다. 지방(청주)에서 고등학교를 다닌 김 교수는 진학에 대한 정보가 부족했다.

대학의 과는 크게 문과와 이과로 나눈다. 공부 잘하는 자식을 둔 부모들이 일반적으로 떠올리는 직업은 판검사나 의사다. 판검사가 되려면 문과를 가야 하고 의사가 되려면 이과를 가야 한다. 김 교수 생각에 의사는 자기와 거리가 먼 듯하여 판검사를 먼저 생각해 보았다. 그런데 판검사는 어쩐지 개인의 출세가 목적인 직업으로 여겨졌다.

김 교수는 그런 일보다는 무언가 세상에 직접적으로 기여하는 직업을 갖고 싶었다. 그렇게 해서 마지막으로 선택한 게 과학자의 길이었다. 과학 쪽으로 비상한 흥미가 있었다거나 재능이 있어 선택한 게 아니라, 어찌 보면 대충 감으로 선택한 길이었다고 할 수 있다.

그렇게 명확한 목표 없이 들어선 과학도의 길이었지만 과학 공부에 큰 어려움을 느끼지는 않았다. 그러나 어렵지 않은 건 이론뿐이었다. 대학생이 되어 고등학교 때는 하지 않던 실험을 하게 되자 김 교수는 생각지 못했던 어려움을 겪는다. 실험용기를 깨뜨리기 일쑤였고, 실험에 쓸 액체를 정확히 체크해 섞고 분리하고 하는 작업들도 쉽지 않았다. 그래서 손재주도 없고 눈썰미도 부족한 듯해 길을 잘못 든 게 아닌가 걱정이 들 정도였다. 심각하게 전과를 고민해본 적도 여러 번이었다. 그나마 학부 생활을 무사히 따라갈 수 있었던 건 타고난 성실성과 인내심 때문이었다.

그런데 한국과학기술원(KAIST) 석사 과정에서 연구지도 교수인 도영규 교수로부터 '센스'가 있다는 말을 여러 번 듣게 되면서 의욕이 생겼다. 과학자의 센스란 창의적인 사고력과 문제 제기의 착상이 좋다는 것을 의미한다. 자신에게도 과학자로서의 재능이 있다는 말인 듯하여 이때부터 김 교수는 차츰 과학에 자신감을 갖게 되었다.

결정적으로 화학에 흥미를 느끼게 된 것은 한국과학기술연구원(KIST)에서 연구원으로 있을 때였다. 항암제 만드는 연구를 하고 있을 때였는데, 어느 날 나온 실험결과가 자신이 예상했던 것과 너무나 다르게 나왔다. 김 교수는 그 결과를 보면서 낙심하기보다는 매우 재미있다는 생각이 들었다. 과학의 발전은 대개 우연이나 뜻밖의 실수를 통해 이루어지곤 한다. 사소한 차이 하나로 해서 기존에 알려져 있던 결과와 크게 다른 실험결과가 나왔을 때, 그 우연한 발견이 발명의 기초가 되어준다.

김 교수가 그때 느낀 것이 그런 것이었다. 과학 연구라는 게 이미 알려진 길만 따라가는 게 아니라는 것, 미지를 탐험하는 모험가처럼 아직 발견되지 않은 무궁무진한 길을 개척해가는 일이라는 것을 새삼 느끼게 되었던 것이다. 비록 남들에 비해 뒤늦은 열정이었지만, 이때부터 김 교수는 실험과 연구에 재미를 느끼며 의욕적으로 연구 활동에 매달렸다.

아미노산 연구도 그렇게 시작되었다. 처음에는 단순히 분자인식을 연구하는 기초적인 화학실험들이었다. 그런데 자신이 박사후연구원 생활을 했던 캐나다의 지도교수가 방한했을 때 대화를 나누던 중 아노미산 분리에 대한 새로운 착상을 하게 되었다. 그 착상도 처음에는 단순히 부수적인 연구로만 했던 것인데, 어느 날 L형 아미노산을 D형 아미노산으로 바꾸는 새로운 기술을 개발할 수 있겠다는 생각이 들었다.

그래서 김 교수는 당시 박사 과정이던 제자 박현정 씨와 연구를 시작하였다. 그러나 이때부터 수없는 시행착오가 반복되었다. 오늘은 무언가 결과가 나와 줄 것 같아 들떴다가 내일이면 실망하는 일이 반복되었던 것이다.

김 교수가 가장 힘들었던 것이 바로 그 설렘과 낙담의 무한한 반복이었다. 성공에 거의 이르렀다고 생각하는 순간 기대

3년에 걸친 실패와 좌절 끝에 L형 아노미산을 D형 아미노산으로 전환시키는 세계 최초의 신기술을 성공시킨 김관묵 교수와 박현정 연구원. 최초의 아이디어를 끈질기게 붙잡고 매달린 결과 성공이라는 열매를 딸 수 있었다.

에 못 미치는 결과를 얻게 되면 말할 수 없이 허탈했다. 그 허탈한 감정을 극복하고 새로운 방법을 다시 시도하려면 마음의 에너지부터 끌어올려야만 했다.

이렇게 시행착오는 무려 3년이나 반복되었다. 그리고 마침내 원하는 결과를 손에 얻을 수 있었다. L형 아노미산을 D형 아미노산으로 전환시키는 세계 최초의 신기술을 성공시킨 것이다. 자신이 떠올렸던 최초의 아이디어를 끈질기게 붙잡고 매달린 결과였다.

과학은 모르는 길을 찾아가는 것

과학자로서 가장 필요한 덕목은 탐구정신이라고 김 교수는 말한다.

"시험 보는 것과 과학연구는 달라요. 시험은 아는 것을 테스트하는 거지요. 다시 말해 답이 있는 것을 찾는 것인데, 과학 연구는 정해진 답이 없어요. 길이 있을지 없을지도 모르는데 길을 찾아가야 되는 거지요. 시험에서 A플러스를 받는다고 해도 그건 머리가 좋다는 것을 말할 뿐이지 좋은 과학자가 될 수 있다는 것하곤 달라요. 스스로 길을 만들어 가겠다는 탐구정신이 없으면 한두 번의 실패로 금방 포기하게 되지요."

김 교수가 가장 강조하는 건 실패를 두려워하지 말아야 한다는 것이다. 한두 번 실험으로 찾아지는 건 아무것도 없다고 그는 말한다. 무모하리만치 똑같은 일을 되풀이할 자세가 되어 있어야만 결과를 얻을 수 있다는 것이다.

"뜻이 있는 곳에 길이 있다는 걸 정말 여러 번 절감했어요. 찾으려고 하면 결국 찾아진다는 거지요. 어떤 때는 다른 연구자를 보면서 제가 옆에서 봐도 결과가 안 나올 것 같아 보여서 무모한 연구가 아닌가 싶을 때도 있는데, 끈질긴 사람들은 결국 찾아내더군요. 자기의 처음 생각을 믿고 꾸준히 파고드는 정신이 필요하다는 걸 그럴 때 또 한 번 실감하게 되지요."

탐구정신이란 능력이 아니라 태도의 문제다. 수없는 시행착오를 할 자세가 되어 있어야 하고, 원하는 결과가 나오지 않을 때 오히려 다음 실험에 기대를 거는 낙관적인 인내심이 필요하다. 그런데 과학을 한다고 하면서도 그런 자세가 되어 있지 않은 사람들이 의외로 적지 않다고 한다.

목표가 정해져 있을수록 절대 조바심을 가지면 안 된다고 그는 강조한다. 하고 또 하다 보면 어느 날 우연처럼 결실을 맺는다는 것이다. 그리고 그것은 결코 우연이 아니라 수없는 실패가 축적되어 나타난 필연이다.

"과학을 전공하려면 우선 초미세한 분자 세계를 들여다보고 싶어 하는 마음가짐이 필요해요. 과학자를 꿈꾸는 청소년들에게 가장 해주고 싶은 말도 그것입니다. 분자 세계에 재미를 느껴라, 분자와 노는 것을 즐겨라 하는 거지요."

과학에도 여러 분야가 있는데 김 교수는 자신의 전공인 화학에 큰 자부심을 가지고 있다. 요즘 각광을 받는 생명공학 등 여타 과학 분야가 모두 화학을 기초로 하기 때문이다. 화학은 한마디로 분자의 특성을 이해하고 이를 이용해 새로운 물질을 만드는 것이다.

예컨대 생명을 연구한다고 하면 예전에는 현미경 등을 써서 생명을 직접 관찰했다. 그러나 이제는 과학의 어떤 분야를 연구하든 분자 수준에서 이해하지 않으면 안 된다. 분자란 그 어떤 현미경으로도 볼 수는 없지만 실존하는 물질이다. 화학자는 그 분자를 마치 눈으로 보는 것처럼 이해하는 전문가이다.

하다못해 새로운 옷 하나를 만들려고 할 때도 마찬가지다. 최근 들어 옷의 기능성이 강조되면서 여러 종류의 다양한 기능의 옷이 만들어지고 있는데, 이를 위해서는 새로운 섬유의 개발이 필요하다. 그리고 새로운 섬유는 분자 연구를 통한 새로운 물질의 개발이 필수적이다.

분자 연구는 이처럼 우리의 일상생활과도 밀접한 관련이 있다. 때문에 화학 연구자는 물론 다른 분야의 과학자도 분자의 세계에 먼저 깊은 관심을 갖지 않으면 안 된다. 또한 관심보다 더 중요한 건 '재미'라고 김 교수는 강조한다. 분자 세계는 알면 알수록 재미있다고 말하는 김 교수는 그런 면에서 천생 화학자일 수밖에 없다.

초미세한 세계를 연구하려면 상상력이 풍부해야만 한다. 그래서 뛰어난 과학자는 대개 예술가와 비슷한 창조적인 감성을 지니고 있다. 김 교수 역시 단소와 대금을 직접 연주할 정도로 국악에 심취해 있다. 최근에는 판소리를 배우고 싶다고 한다. 과학자와 판소리, 어딘지 어울리지 않아 보이지만 김 교수에게 이 두 가지가 갖는 의미는 크게 다르지 않다.

음악을 듣거나 연주하면 우선 연구에 매달리면서 누적된 스트레스가 깨끗이 해소된다. 그래서 김 교수는 음악을 할 때는 음악에만 몰두한다. 예술 활동은 몰입인 동시에 휴식이고 창조이기 때문이다. 가장 유익한 건 이런 음악 활동을 통해 감성이 늘 새로워진다는 점이다. 이처럼 김 교수에게 음악은 단순한 취미가 아니라 과학자로서 창조적인 감성을 유지하게 만드는 주요 기반이기도 하다.

15조 원이나 되는 아미노산 관련 시장을 우리나라가 장악할 수도 있다고 힘주어 말하는 김관묵 교수. 수줍은 듯한 목소리지만 그렇게 말하는

그의 표정에는 과학자로서의 자부심과 함께 미래에 대한 적극적인 도전
의식이 실려 있다.

그의 바람대로 D형 아미노산 기술이 실용화되어 구체적인 성과도 창출
할 수 있는 날이 하루빨리 오기를 기대한다. 그것은 단지 김관묵 교수 개
인의 성공만이 아니라 그의 말처럼 국가적으로도 커다란 축복일 것이기
때문이다.

글리신 글리코골 또는 아미노아세트산이라고도 한다. 단백질의 가수분해물에서 최초로 추출된 비필수 아미노산이다. 아미노산 중에서 비대칭 탄소원자를 가지지 않는 유일한 것으로 광학이성질체는 없다. 일반적으로 식물성 단백질에는 거의 함유되어 있지 않으나 동물성 단백질에는 다량으로 함유되어 있다.

L-아미노산 아미노산은 생명체의 유지에 반드시 필요한 물질이자, 단백질의 기본 구성 요소이다. 화학적으로 아미노산은 질소·산소·수소 원자들로 만들어져 일정한 모양을 이루고 있다. 이 아미노산은 거울상과 본래 모습이 서로 다르다. 즉 아미노산은 키랄 성질을 갖는다. 이 중 하나를 L-아미노산이라고 하는데, 천연에서 얻어지거나 발견되는 모든 단백질을 구성하는 아미노산은 L-아미노산이라고 보아도 무방하다.

D-아미노산 L-아미노산의 거울상에 해당되는 것으로, 일반적으로는 천연에서 발견되지 않는다. 그러나 현대에 들어와 각종 의약품들을 화학적으로 만들기 위해서 D-아미노산을 얻어야 할 필요성이 크게 증가하고 있다.

부록
과학자 12인의
최근 연구 논문 목록

- 이상훈, 2013, 〈A monocular contribution to stimulus rivalry〉, 《PROCEEDINGS OF THE NATIONAL ACADEMY OF SCIENCES OF THE UNITED STATES OF AMERICA》
- 이상훈, 2014, 〈Dissociation between Neural Signatures of Stimulus and Choice in Population Activity of Human V1 during Perceptual Decision-Making〉, 《JOURNAL OF NEUROSCIENCE》
- 이상훈, 2013, 〈Coaxial Anisotropy of Cortical Point Spread in Human Visual Areas〉, 《JOURNAL OF NEUROSCIENCE》
- 이상훈, 2016, 〈Functional cross-hemispheric shift between object-place paired associate memory and spatial memory in the human hippocampus〉, 《HIPPOCAMPUS》
- 이상훈, 2013, 〈Individual differences in the perception of biological motion and fragmented figures are not correlated〉, 《FRONTIERS IN HUMAN NEUROSCIENCE》
- 최정규, 2012, 〈공공재 게임 실험에서 기여율의 하락: 학습 가설, 전략 가설, 상호적 맞대응 가설의 재평가〉, 《계량경제학보》
- 최정규, 2012, 〈경제학에서 생물학을 받아들일 수 있는가?〉, 《대동철학》
- 최정규, 2013, 〈Coevolution of farming and private property during the early Holocene〉, 《PROCEEDINGS OF THE NATIONAL ACADEMY OF SCIENCES OF THE UNITED STATES OF AMERICA》
- 최정규, 2012, 〈Dworkins Paradox〉, 《Plos One》
- 최정규, 2013, 〈Strategic reward and altruistic punishment support cooperation in a public goods game experiment〉, 《JOURNAL OF ECONOMIC PSYCHOLOGY》
- 홍성철, 2014, 〈Maximizing information content of single-molecule FRET experiments: multi-color FRET and FRET combined with force or torque〉, 《CHEMICAL SOCIETY REVIEWS》
- 홍성철, 2015, 〈Functional Anatomy of the Human Microprocessor〉, 《CELL》
- 홍성철, 2012, 〈Hidden complexity in the isomerization dynamics of Holliday junctions〉, 《NATURE CHEMISTRY》
- 홍성철, 2010, 〈Single-Molecule Four-Color FRET〉, 《ANGEWANDTE CHEMIE-INTERNATIONAL EDITION》
- 홍성철, 2014, 〈Protein conformational dynamics dictate the binding affinity for a ligand〉, 《NATURE COMMUNICATIONS》
- 김관묵, 2014, 〈Long-Range Ordered Self-Assembly of Novel Acrylamide-Based Diblock Copolymers for Nanolithography and Metallic Nanostructure Fabrication〉, 《ADVANCED MATERIALS》

- 김관묵, 2013, 〈Enantioselective Liquid-Liquid Extractions of Underivatized General Amino Acids with a Chiral Ketone Extractant〉, 《JOURNAL OF THE AMERICAN CHEMICAL SOCIETY》
- 김관묵, 2013, 〈Zn2+-induced conformational changes in a binaphthyl-pyrene derivative monitored by using fluorescence and CD spectroscopy〉, 《CHEMICAL COMMUNICATIONS》
- 김관묵, 2014, 〈Highly Enantioselective Extraction of Underivatized Amino Acids by the Uryl-Pendant Hydroxyphenyl-Binol Ketone〉, 《CHEMISTRY-A EUROPEAN JOURNAL》
- 김관묵, 2011, 〈Ratiometric Fluorescent Chemosensor for Silver Ion at Physiological pH〉, 《INORGANIC CHEMISTRY》
- 이광희, 2014, 〈Top-Down Approach for Nanophase Reconstruction in Bulk Heterojunction Solar Cells〉, 《ADVANCED MATERIALS》
- 이광희, 2014, 〈Semiconducting Polymers with Nanocrystallites Interconnected via boron-doped carbon nanotubes〉, 《NANO LETTERS》
- 이광희, 2016, 〈A series connection architecture for large-area organic photovoltaic modules with a 7.5% module efficiency〉, 《NATURE COMMUNICATIONS》
- 이광희, 2015, 〈In situ studies of the molecular packing dynamics of bulk-heterojunction solar cells induced by the processing additive 1-chloronaphthalene〉, 《JOURNAL OF MATERIALS CHEMISTRY A》
- 이광희, 2012, 〈Role of Interchain Coupling in the Metallic State of Conducting Polymers〉, 《PHYSICAL REVIEW LETTERS》
- 강봉균, 2012, 〈Autistic-like social behaviour in Shank2-mutant mice improved by restoring NMDA receptor function〉, 《NATURE》
- 강봉균, 2015, 〈Multiple repressive mechanisms in the hippocampus during memory formation〉, 《SCIENCE》
- 강봉균, 2010, 〈Alleviating neuropathic pain hypersensitivity by inhibiting PKMzeta in the anterior cingulate cortex〉, 《SCIENCE》
- 강봉균, 2016, 〈Synaptic adhesion molecule IgSF11 regulates synaptic transmission and plasticity〉, 《NATURE NEUROSCIENCE》
- 강봉균, 2013, 〈AMPA receptor exchange underlies transient memory destabilization on retrieval〉, 《PROCEEDINGS OF THE NATIONAL ACADEMY OF SCIENCES OF THE UNITED STATES OF AMERICA》
- 정종경, 2012, 〈CRIF1 Is Essential for the Synthesis and Insertion of Oxidative

Phosphorylation Polypeptides in the Mammalian Mitochondrial Membrane⟩, 《CELL METABOLISM》

- 정종경, 2011, ⟨DNA Damage-Induced RORα Is Crucial for p53 Stabilization and Increased Apoptosis⟩, 《MOLECULAR CELL》
- 정종경, 2010, ⟨A metazoan ortholog of SpoT hydrolyzes ppGpp and functions in starvation responses⟩, 《NATURE STRUCTURAL & MOLECULAR BIOLOGY》
- 정종경, 2012, ⟨Host Cell Autophagy Activated by Antibiotics Is Required for Their Effective Antimycobacterial Drug Action⟩, 《Cell Host & Microbe》
- 정종경, 2016, ⟨Identification of a Peptidergic Pathway Critical to Satiety Responses in Drosophila⟩, 《CURRENT BIOLOGY》
- 이영무, 2013, ⟨Polymer Rigidity Improves Microporous Membranes⟩, 《SCIENCE》
- 이영무, 2015, ⟨Crystalline polymorphism in poly(vinylidenefluoride) membranes⟩, 《PROGRESS IN POLYMER SCIENCE》
- 이영무, 2012, ⟨Morphological transformation during cross-linking of a highly sulfonated poly(phenylene sulfide nitrile) random copolymer⟩, 《ENERGY & ENVIRONMENTAL SCIENCE》
- 이영무, 2011, ⟨Enhancement of Proton Transport by Nanochannels in Comb-Shaped Copoly(arylene ether sulfone)s⟩, 《ANGEWANDTE CHEMIE-INTERNATIONAL EDITION》
- 이영무, 2014, ⟨Enhanced electrochemical performance of Li3V2(PO4)(3)/Ag-graphene composites as cathode materials for Li-ion batteries⟩, 《JOURNAL OF MATERIALS CHEMISTRY A》
- 김기문, 2012, ⟨Homochiral Metal-Organic Frameworks for Asymmetric Heterogeneous Catalysis⟩, 《CHEMICAL REVIEWS》
- 김기문, 2015, ⟨Can we beat the biotin-avidin pair?: cucurbit[7]uril-based ultrahigh affinity host-guest complexes and their applications⟩, 《CHEMICAL SOCIETY REVIEWS》
- 김기문, 2014, ⟨Hollow nanotubular toroidal polymer microrings⟩, 《Nature Chemistry》
- 김기문, 2015, ⟨Self-Assembly of Nanostructured Materials through Irreversible Covalent Bond Formation⟩, 《ACCOUNTS OF CHEMICAL RESEARCH》
- 김기문, 2012, ⟨In Situ Supramolecular Assembly and Modular Modification of Hyaluronic Acid Hydrogels for 3D Cellular Engineering⟩, 《ACS NANO》
- 이지오, 2013, ⟨The Crystal Structure of Lipopolysaccharide Binding Protein Reveals the Location of a Frequent Mutation that Impairs Innate Immunity⟩, 《IMMUNITY》
- 이지오, 2011, ⟨Structural Biology of the Toll-Like Receptor Family⟩, 《ANNUAL REVIEW

OF BIOCHEMISTRY》

- 이지오, 2016, 〈Connecting two proteins using a fusion alpha helix stabilized by a chemical cross linker〉, 《NATURE COMMUNICATIONS》
- 이지오, 2012, 〈Sensing of microbial molecular patterns by Toll-like receptors〉, 《IMMUNOLOGICAL REVIEWS》
- 이지오, 2013, 〈Higd-1a interacts with Opa1 and is required for the morphological and functional integrity of mitochondria〉, 《PROCEEDINGS OF THE NATIONAL ACADEMY OF SCIENCES OF THE UNITED STATES OF AMERICA》
- 김외연, 2015, 〈A novel thiol-reductase activity of Arabidopsis YUC6 confers drought tolerance independently of auxin biosynthesis〉, 《Nature Communications》
- 김외연, 2013, 〈Release of SOS2 kinase from sequestration with GIGANTEA determines salt tolerance in Arabidopsis〉, 《NATURE COMMUNICATIONS》
- 김외연, 2015, 〈Allelic polymorphism of GIGANTEA is responsible for naturally occurring variation in circadian period in Brassica rapa〉, 《PROCEEDINGS OF THE NATIONAL ACADEMY OF SCIENCES OF THE UNITED STATES OF AMERICA》
- 김외연, 2013, 〈Balanced Nucleocytosolic Partitioning Defines a Spatial Network to Coordinate Circadian Physiology in Plants〉, 《DEVELOPMENTAL CELL》
- 김외연, 2015, 〈A Chaperone Function of NO CATALASE ACTIVITY1 Is Required to Maintain Catalase Activity and for Multiple Stress Responses in Arabidopsis〉, 《PLANT CELL》
- 오정미, 2013, 〈Combined interaction of multi-locus genetic polymorphisms in cytarabine arabinoside metabolic pathway on clinical outcomes in adult acute myeloid leukaemia (AML) patients〉, 《EUROPEAN JOURNAL OF CANCER》
- 오정미, 2012, 〈Gene-gene interaction analysis for the survival phenotype based on the Cox model〉, 《BIOINFORMATICS》
- 오정미, 2013, 〈Recombinant human epidermal growth factor on oral mucositis induced by intensive chemotherapy with stem cell transplantation〉, 《AMERICAN JOURNAL OF HEMATOLOGY》
- 오정미, 2012, 〈Combinational Effect of Intestinal and Hepatic CYP3A5 Genotypes on Tacrolimus Pharmacokinetics in Recipients of Living Donor Liver Transplantation〉, 《TRANSPLANTATION》
- 오정미, 2015, 〈Pharmacogenomic Biomarker Information in FDA-approved Paediatric Drug Labels〉, 《BASIC & CLINICAL PHARMACOLOGY & TOXICOLOGY》

 중앙에듀북스 Joongang Edubooks Publishing Co.
중앙경제평론사 | 중앙생활사 Joongang Economy Publishing Co./Joongang Life Publishing Co.

중앙에듀북스는 폭넓은 지식교양을 함양하고 미래를 선도한다는 신념 아래 설립된 교육·학습서 전문 출판사로서 우리나라와 세계를 이끌고 갈 청소년들에게 꿈과 희망을 주는 책을 발간하고 있습니다.

노벨상을 꿈꾸는 과학자들의 비밀노트 〈최신 개정판〉

초판 1쇄 발행 | 2009년 2월 23일
초판 2쇄 발행 | 2009년 9월 15일
개정초판 1쇄 발행 | 2012년 2월 15일
개정초판 3쇄 발행 | 2013년 2월 15일
개정2판 1쇄 인쇄 | 2017년 2월 20일
개정2판 1쇄 발행 | 2017년 2월 25일

엮은이 | 한국연구재단(National Research Foundation of Korea)
펴낸이 | 최점옥(Jeomog Choi)
펴낸곳 | 중앙에듀북스(Joongang Edubooks Publishing Co.)

대　　표 | 김용주
책임편집 | 정수정
본문디자인 | 박근영

출력 | 현문자현　종이 | 한솔PNS　인쇄·제본 | 현문자현

잘못된 책은 구입한 서점에서 교환해드립니다.
가격은 표지 뒷면에 있습니다.

ISBN 978-89-94465-39-5(03400)

등록 | 2008년 10월 2일 제2-4993호
주소 | ㉾ 04590 서울시 중구 다산로20길 5(신당4동 340-128) 중앙빌딩
전화 | (02)2253-4463(代)　팩스 | (02)2253-7988
홈페이지 | www.japub.co.kr　블로그 | http://blog.naver.com/japub
페이스북 | https://www.facebook.com/japub.co.kr　이메일 | japub@naver.com
♣ 중앙에듀북스는 중앙경제평론사·중앙생활사와 자매회사입니다.

※ 이 도서의 국립중앙도서관 출판시도서목록(CIP)은 서지정보유통지원시스템 홈페이지(http://seoji.nl.go.kr)와 국가자료공동목록시스템(http://www.nl.go.kr/kolisnet)에서 이용하실 수 있습니다.(CIP제어번호:CIP2017003001)

중앙에듀북스에서는 여러분의 소중한 원고를 기다리고 있습니다. 원고 투고는 이메일을 이용해주세요. 최선을 다해 독자들에게 사랑받는 양서로 만들어 드리겠습니다. **이메일** | japub@naver.com